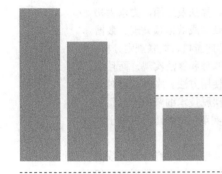

数据挖掘与预测分析

肖 毅 等 编著

科学出版社

北 京

内 容 简 介

　　本书全面系统地介绍数据挖掘的概念、技术、算法及应用，力求为初学者构建一个合适的学习框架。全书将数据挖掘归纳成数据预处理、数据探索、决策树、贝叶斯分类、人工神经网络、支持向量机、关联规则分析、聚类、时间序列预测等几个主题，不仅详解技术原理和算法实现，而且结合复杂多样的实际数据环境，探讨其应用场景和使用方法。本书通过对大量图表、示例、算法的简洁描述，使读者尽可能摆脱技术细节的干扰而聚焦于数据挖掘本身。书中所有示例都采用 Python 实现，此外还提供电子教学课件、习题答案及实践练习代码。

　　本书适用于信息管理与信息系统、信息资源管理、电子商务及大数据管理与应用等专业的高年级本科生和研究生，作为数据挖掘、数据分析和知识发现课程的教材；同时，可以作为教师、研究人员和用户的参考书。

图书在版编目（CIP）数据

数据挖掘与预测分析 / 肖毅等编著. —北京：科学出版社，2023.6
ISBN 978-7-03-075484-4

Ⅰ.①数… Ⅱ.①肖… Ⅲ.①数据采集－教材 Ⅳ.①TP274

中国国家版本馆 CIP 数据核字（2023）第 078340 号

责任编辑：闫　陶 / 责任校对：高　嵘
责任印制：赵　博 / 封面设计：苏　波

科 学 出 版 社 出版

北京东黄城根北街 16 号
邮政编码：100717
http://www.sciencep.com

天津市新科印刷有限公司印刷
科学出版社发行　各地新华书店经销

*

2023 年 6 月第 一 版　开本：787×1092　1/16
2024 年 4 月第二次印刷　印张：13 1/4
字数：314 000

定价：59.00 元
（如有印装质量问题，我社负责调换）

前　言

20 世纪 90 年代，随着信息系统的广泛应用和网络技术的快速发展，各种类型的数据呈现爆发性增长的趋势，如 Web 网页、图形、图像、音频、视频、电子文件等。这些海量数据在带给人们丰富信息的同时，也产生许多负面效应，如有效信息难以获取，由过多无用信息所导致的信息距离和有用知识的丢失，使人们陷入"信息丰富而知识贫乏"的窘境。因此，人们迫切需要一种技术能够智能地将海量数据转换成有用的信息，这种需求加速了数据挖掘这一前沿学科的产生。在大数据背景下，数据挖掘作为一种技术工具和方法一经出现便引起学术界和产业界的极大关注，并成为信息领域的研究热点。

数据挖掘是指从大量数据中通过算法提取隐藏于海量数据中的有潜在价值的信息的过程。数据挖掘是一门交叉学科，涉及数据库技术、统计学、机器学习、模式识别、信息检索、知识管理、数据可视化等。数据挖掘是一个决策支持过程，它借助技术高度自动化地分析数据，进行归纳推理，从中挖掘出潜在的知识模式，进而为辅助决策提供依据。数据挖掘获取的信息和知识可以广泛应用于政府管理、企业管理、市场营销、生产控制、客户服务、工程设计和科学研究等领域。

本书作为数据挖掘的入门教材，力求为读者建立一个学习数据挖掘的知识框架，在这个框架中尽可能涵盖数据挖掘经典技术及算法，并讨论数据挖掘的应用和研究方向。全书共 10 章。第 1 章主要介绍数据挖掘的基本概念、起源，数据挖掘的类型、数据挖掘的功能和模式、常用的数据挖掘技术及数据挖掘的应用现状与面临的困难和挑战。第 2 章从数据清理、数据集成、数据归约和数据变换四个方面详细地介绍数据预处理的方法。第 3 章从数据的基本统计描述、可视化分析和联机分析处理三个方面对数据展开探索。除此之外，运用数据可视化技术对复杂数据集进行深入探索，通过表达、建模等方式，对数据进行可视化分析。第 4 章主要对决策树的含义、相关概念、算法的特点及算法的构造进行讲解，并基于实例详细讨论 ID3 算法与 C4.5 算法的基本原理及代码实现。最后对随机森林算法的实现及运用进行介绍。第 5 章在决策树分类算法的基础上，探讨一种新的分类算法——贝叶斯分类，这是一种对属性集和类变量的概率关系建模的方法，本章在贝叶斯定理的基础上讨论三种不同的分类器。第 6 章介绍人工神经网络的来源与发展，重点讲述人工神经网络所涉及的模型、函数、结构、学习与工作的算法。此外，还论述了人工神经网络相关算法的改进和应用场景。第 7 章介绍支持向量机。支持向量机是 20 世纪 90 年代中期发展起来的基于统计学习理论的一种机器学习方法，通过寻求结构化风险最小化来提高学习机泛化能力。对于给定的训练数据，通过寻求一个最优超平面实现对训练数据的分类。第 8 章介绍关联规则分析的发展过程、基本概念、度量指标及挖掘的过程。着重讨论关联规则的分类，如何寻找频繁项集及相关算法，并对多层多维关联规则的挖掘和关联分析应用场景进行介绍。第 9 章介绍聚类的起源、分类及性能评测指标,详细介绍 k-means 算法与 k-中心点聚类算法的实现及运用。第 10 章介绍时间序列预测的基本定义、特征、预测方法及常用的模型等内容。

本书由肖毅设计大纲,并负责统稿,其中第 1、10 章由薛晓斐、肖明编写,第 2、5 章由吴胜、肖明编写,第 3、7 章由刘曜嘉、肖明编写,第 4、9 章由信丽敏、谢铭虎编写,第 6、8 章由杜娇丹、肖明编写。

在本书的编写过程中,科学出版社给予大力支持,同时也得到家人及朋友的大力帮助,在此对他们表示诚挚的谢意!由于水平有限,书中难免存在不妥之处,敬请广大读者批评指正。

肖　毅

2022 年 1 月于武汉南湖

目　录

第1章

引　言

1.1　数据挖掘的定义

随着计算机软硬件技术的飞速发展和普及,数据的收集和存贮发生了质的改变,积累的数据量以指数方式增长,并催生出大数据。一般认为大数据具有以下特征:规模性(volume)、高速性(velocity)、多样性(variety)、准确性(veracity)。各行业均希望从海量的数据中获取有价值的信息,例如:超市的管理者希望通过改善不同商品的陈列位置,增加营业额;银行和证券从业者希望深入了解各类客户的一般特征;制造业希望通过研究以往数据和市场行情,预测未来的销售额;医学研究者希望从众多病例中归纳出某种疾病的病人的共同特征;网络平台根据用户的兴趣特点进行个性化推荐等。以往的数据分析工具(统计、查询等)都是对指定数据进行简单的数学处理,无法准确获取数据所包含的内在信息。各行业均希望有一种全新的技术能够提供更高层次的数据分析能力,将大量的数据转换为知识,从而更好地为科研和工作提供支持。数据挖掘(data mining,DM)在此背景下应运而生。

数据挖掘又称为数据库中的信息和知识发现,是数据库研究中很有应用价值的新领域,是一个决策支持过程。数据挖掘融合了人工智能、机器学习、模式识别、统计学、数据库、数据可视化等多个领域的理论技术,目前还处于发展阶段。国内外研究者从不同角度对数据挖掘进行定义。钟晓等(2001)认为数据挖掘也称为数据开采、数据采掘,是按照既定的业务目标从海量数据中提取潜在、有效并能被人理解的模式的高级处理过程。王光宏和蒋平(2004)认为数据挖掘是通过仔细分析大量数据来揭示有意义的新的关系、趋势和模式的过程。国外的研究中,IBM 公司认为数据挖掘是从大型数据集中发现模式和其他有价值信息的过程。SAP 公司将数据挖掘定义为从数据积累中提取有用信息的过程,通常是从数据仓库或者链接数据集中提取有用的信息。从这些定义中不难看出,数据挖掘主要包含两个方面的信息:一是大量的数据,二是提取有价值的信息。但这些定义缺少提取的方法和流程,从数据到有价值的信息和知识,需要大量的工作,包括目标设定、数据收集和处理、模型构建、模式提取和结果评估等,尤其是目标设定,这是数据挖掘过程中最难的一部分。另外,数据挖掘的目的是筛选大量数据,以确定趋势、模式和关系,从而支持明确的决策和规划。

结合前人的研究基础,本书认为数据挖掘本质上是一种决策支持过程,即运用数学统计方法、机器学习方法、面向数据库的方法、混合方法及其他方法，通过问题定义、数据提取、数据预处理、模型构建和模式挖掘、结果评估和知识实施等步骤，作出归纳性的推理，发现有价值的信息和模式，以实现预测和描述等目标，进而为决策者提供策略建议，降低风险的过程。目前，数据挖掘广泛应用于市场营销、运筹优化、欺诈检测等领域。

1.2 数据挖掘的起源

数千年以来，人们一直在收集和分析数据，得出有价值的信息以用于决策。其基本过程为：识别所需的信息，找到高质量的数据源，收集和组合数据，使用最有效的方法和已有的知识对数据进行分析，得到有价值的结果。随着计算机算力及数据库技术的发展，管理和分析数据的工具也在发展。20 世纪 60 年代，由于关系型数据库技术和面向用户的自然语言查询工具，如结构化查询语言（SQL）的飞速发展，用户可以交互式地探索他们的数据，并寻找隐藏在其中的有价值的信息。"数据挖掘"一词直到 20 世纪 90 年代才被提出，数据挖掘的基础包括两个相互交叉的学科：统计学和人工智能，前者侧重于数据关系的数值研究，依赖使用模型；后者侧重于主动检测特定事件，依赖使用算法。作为一门新兴的学科，数据挖掘是由上述学科相互交叉、相互融合而形成的产物。随着数据挖掘的进一步发展，它必然会带给用户更大的便利。

数据挖掘传统上是数据科学中的一项专业技能，是商务智能的关键组成部分。计算机处理能力的提升使研究人员能够超越手动、烦琐和耗时的数据挖掘工作，实现快速、简单和自动化的数据分析。现代数据挖掘依赖于云计算和虚拟化及内存数据库，经济高效地管理来自多个来源的数据，包括社交媒体、物联网传感器、位置感知设备、音频和视频等，并根据需要进行扩展。零售商、银行、制造商、电信服务商和保险公司等正在使用数据挖掘来发现从价格、促销、人口统计到经济、风险、竞争和社交媒体如何影响其商业模式、收入、运营和客户等方面的关系。

1.3 数据挖掘的类型

数据挖掘是一项通用的技术，对数据的类型没有过多的限制，只要与研究问题相关，任何类型的数据都可以进行处理。常见的数据类型有：数据库数据、数据仓库、事务数据、时间序列数据、文本和多媒体数据、空间数据等，如何从这些数据中获取有价值的信息，给数据挖掘带来了新的挑战。

1.3.1 数据库数据

数据库是结构化信息或数据的有组织的集合，通常以电子方式存储在计算机系统中。数据库通常由数据库管理系统（database management system，DBMS）控制。数据和数据库管理系统及与它们相关的应用程序被称为数据库系统,简称为数据库。数据的来源相对多样化,如出行数据、医疗数据、农业数据、网页数据和消费记录等。

数据库类型的数据通常以一系列表中的行和列进行建模,以提高处理和数据查询的效率。进而便于访问、管理、修改、更新、控制和组织数据。大多数数据库使用结构化查询语言(structured query language,SQL)来编写和查询数据。

1.3.2　数据仓库

数据仓库是一种数据管理系统,它将不同来源的数据聚合到一个统一的中央数据存储中,以支持数据分析、数据挖掘、人工智能和机器学习。数据仓库系统使组织能够以标准数据库无法实现的方式对海量历史数据进行分析。数据仓库可以快速方便地分析从运营系统(销售点系统、库存管理系统或营销数据库)上传的业务数据。

数据仓库系统一直是商业智能解决方案的一部分。数据仓库通常托管在主机上,其功能主要为从其他数据源提取、清理和准备数据,在关系数据库中加载和维护数据。数据仓库也可能托管在专用设备上或者云中,大多数数据仓库都增加了分析功能、数据可视化和演示工具。

1.3.3　事务数据

事务数据是从事务中捕获的信息,记录了交易的时间、发生地点、购买物品的价格、采用的付款方式、折扣,以及交易相关的其他内容。事务数据中的每一条记录代表一个事务,如学生在校园图书馆的一次图书借阅记录、信用卡用户的一次消费记录、消费者在超市的一次购物记录等。一般情况下,事务数据的组成包括:事务标识号(必须是唯一的)、组成事务的项的列表(消费记录的详细信息和借阅的图书)、相关联的附加表(事务的其他信息,如人员的详细信息、产品的描述、部门的信息等),表 1-1 是学校图书馆的图书借阅事务数据库示例。事务数据库的记录通常都是数以万计的规模,表面上看记录之间并无太多的关联,但通过数据挖掘对其进行分析可以获取许多有价值的信息。

表 1-1　图书借阅事务数据库

交易 ID	学号	借阅图书明细
20210915101011	2021000111	ISBN 978-7-302-35870-1,ISBN 978-7-302-42328-7
20210915101012	2021000112	ISBN 978-7-111-62316-8
20210915101013	2021000113	ISBN 978-7-308-19143-2

1.3.4　时间序列数据

时间序列数据是在不同时间上收集到的数据,用于所描述对象随时间变化的情况。

这类数据反映了某一事物或现象随时间的变化状态或程度。例如从 1952 年到 2021 年我国国内生产总值就是时间序列数据。时间序列数据可按季度数据、月度数据进行细分,其中具有代表性的季度时间序列模型就是因为其类似四季的变化规律,虽然变化周期不尽相同,但是整体的变化趋势都是按照周期变化的。

1.3.5　文本和多媒体数据

文本数据通常由可以表示文本的单词、句子和段落的文档组成,与其他类型的数据不同,文本数据的挖掘侧重于对文本的信息检索。文本数据挖掘是将文本结构转换为结构化格式以识别有意义的模式和知识的过程。而其固有的非结构化和噪声性质使得机器学习方法难以直接处理原始文本数据。

多媒体数据指不同类型的媒体的数据集合,以捕获与对象和事件相关的信息。常见的数据形式有数字、文本、视频、图像、音频等。在通常的用法中,只有当涉及音频和视频等时间相关数据时,才会将数据集称为多媒体。

1.3.6　空间数据

空间数据也称为地理空间数据、空间信息和地理信息,用于描述与地球表面特定位置相关或包含有关该位置信息的任何数据。空间数据由点、线、多边形、其他地理和几何元素组成。这些数据基元按位置进行映射,与对象一起存储作为元数据或由通信系统用于定位终端用户设备。空间数据可以被分类为标量数据或矢量数据。

1.4　数据挖掘的功能与模式

数据挖掘的基本步骤,如图 1-1 所示。数据挖掘和数据分析之间存在混淆,数据挖掘功能用于定义挖掘活动中包含的趋势和相关性,数据分析用于测试适合数据集的统计模型。数据挖掘使用机器学习,以及数学和统计模型来发现数据中隐藏的模式。相比之下,数据挖掘可以分为两类:一类是描述性,用于刻画目标数据中数据的一般属性,如使用柱状图显示某一项目在几个特定的时间段内的数据变化,或者比较几个项目在特定时间段内的差异;另一类是预测性,帮助开发人员提供未标记的属性定义,主要是对目标数据的内在规律进行归纳总结。利用以前可用的或历史数据,数据挖掘可用于基于数据的线性度对关键业务指标进行预测。

数据挖掘的功能和模式主要包含以下内容:数据特征化与数据区分,挖掘频繁模式、关联和相关性分析,分类和回归,聚类分析,离群点分析等。

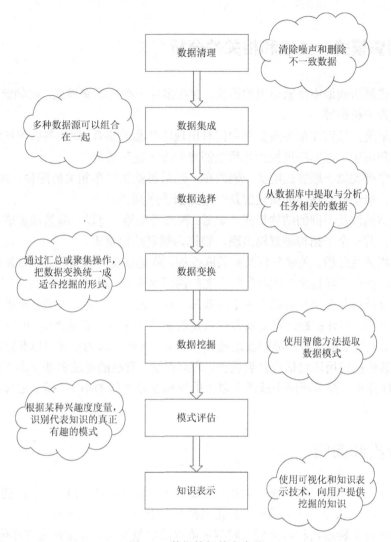

图 1-1　数据挖掘基本步骤

1.4.1　数据特征化与数据区分

数据可以与类或概念相关联，通过数据特征化和数据区分，用简洁、精确、概括的语言描述各个类及概念。

1. 数据特征化

数据特征化是汇总目标数据的一般特征。首先通过查询、调查记录等方式来收集目标数据，然后用统计分析的方法进行定量描述。数据特征化的输出可以有多种形式，包括散点图、茎叶图、条形图、柱状图、饼形图、曲线等。

2. 数据区分

数据区分是指当预定义的数据类型或数据源被有意或无意地区别对待时发生的偏见。

1.4.2 频繁模式、关联和相关性分析

频繁模式是指数据中频繁出现的模式。存在多种类型的频繁模式，如频繁项集、频繁子序列和频繁子结构等。

频繁项集是指频繁在事务数据集中同时出现的商品的集合，如快餐店里被消费者频繁购买的汉堡和可乐，电影院里被顾客频繁消费的爆米花和薯条等。

频繁子序列类似于顾客先购买一辆汽车，然后再购买汽车相关的配件，如安全座椅、行车记录仪、坐垫等，这样的模式就是一个频繁子序列。

频繁子结构涉及不同的结构形式，如图、树或者格等，可以与频繁项集或频繁子序列结合在一起。若一个子结构频繁地出现，则称为频繁结构模式。

关联和相关性分析。关联分析又称关联挖掘，就是在交易数据、关系数据或其他信息载体中，查找存在于项目集合或对象集合之间的频繁模式、关联、相关性或因果结构。或者说，关联分析是发现交易数据库中不同商品（项）之间的联系。关联分析的一个典型例子是购物篮分析，该分析通过发现顾客放入其购物篮中的不同商品之间的联系，分析顾客的购买习惯。通过了解哪些商品频繁地被顾客购买，这种关联的发现可以帮助零售商制定营销策略。其他的应用还包括价目表设计、商品促销、商品的排放和基于购买模式的顾客划分。相关性分析则是分析两个或两个以上的随机变量之间的相关关系，如体重和身高的相关关系。

1.4.3 分类和回归

分类用于预测数据对象的离散类别，需要预测的属性值是离散的、无序的。分类是通过有指导的学习训练建立分类模型，并使用模型对未分类的实例进行分类。

回归是确定两种或两种以上变量间相互依赖的定量关系，建立的是连续值函数模型，预测的是数据值，而不是类标号。回归分析是一种常用的数值预测的统计学方法，预测的属性值是连续的、有序的。

分类和回归的区别是：分类是用来预测数据对象的类标记，而回归则是估计某些空缺或未知值。例如，预测明天上证指数的收盘价格是上涨还是下跌是分类，预测明天上证指数的收盘价格是多少则是回归。再比如银行业务中，根据贷款申请者的信息来判断贷款者是属于"安全"类还是"风险"类，这是分类，而分析给贷款人的贷款量则是回归。

1.4.4 聚类分析

聚类分析是一种多元数据挖掘技术，其目标是基于一组用户选择的特征或属性对象（产品、受访者或其他实体）进行分组。它是数据挖掘的基础和最重要的步骤，也是统计数据分析的常用技术，在数据压缩、机器学习、模式识别、信息检索等领域都有广泛的应用。

聚类是将数据分类到不同的类或者簇的过程，同一个簇中的对象有很大的相似性，而不同簇间的对象有很大的相异性。聚类与分类的不同在于，聚类所要求划分的类是未知的。

1.4.5　离群点分析

离群点分析是在数据集中识别异常值或异常观察值的过程，也称为异常值检测，是数据分析中的一个重要步骤，可以消除错误或不准确的观察结果。离群点产生的原因一般有两个方面：一是计算的误差或者操作的错误所导致，如人的体重 5000 kg，这就是明显由误操作所导致的离群点；二是数据本身的可变性或弹性所导致，如在公司中 CEO 的薪资水平肯定是明显高于其他普通员工的薪资水平，于是 CEO 变成了由数据本身可变性所导致的离群点。这些离群点本身也可能是研究人员感兴趣的，如在欺诈检测领域，那些与正常数据行为不一致的离群点往往预示着欺诈行为，被执法者格外关注。

1.5　数据挖掘常用技术及其优缺点

数据挖掘通过使用各种算法和技术将大量数据转化为有用的信息，算法和技术主要有统计方法、关联规则发现、遗传算法、聚集、决策树、神经网络、粗糙集理论、模糊集理论、回归分析、判别分析、概念描述等常用的数据挖掘技术。这些算法和技术都已经被广泛地应用在各行各业，本节不再赘述它们的具体内容。

数据挖掘技术虽然能从大量数据中提取有价值知识，但仍有一些缺点需要引起重视。数据挖掘技术的优点包括：提高效率，可以通过自动化来实现许多原来需要手动执行的流程，帮助组织或个人更好地利用其数据；改进决策，可以帮助组织做出更明智的决策，为他们提供更完整的数据理解；增强竞争力，可以帮助组织获得竞争优势，为他们提供新的见解和知识，组织可以使用这些知识来改进产品、服务和运营；完善客户服务，可以用来识别客户行为的模式和趋势，帮助组织改善他们的客户服务，提高客户满意度；欺诈检测，可用于识别财务数据中的模式和趋势，帮助组织检测和预防欺诈。数据挖掘技术的缺点包括：复杂性，需要专门的知识来实现和解释结果；隐私问题，可能会引起隐私问题，因为通常涉及收集和分析敏感的个人信息；伦理问题，可能会引起伦理问题，因为结果可能被用来歧视某些群体或个人；数据质量，数据的质量会影响数据挖掘技术的结果，质量差的数据会导致不准确或误导性的结果；计算成本，计算成本很高，需要大量资源来处理和分析数据；过拟合问题，当一个模型在训练数据上训练得非常好，而在样本外的数据上表现很差，就会发生过拟合。总之，数据挖掘技术可以为组织提供很多便利，但也有一些需要慎重考虑的缺点。在应用数据挖掘技术前，权衡利弊并仔细评估风险和收益是非常重要的。

1.6　数据挖掘的步骤

从原始数据挖掘到有价值的信息需要多个步骤，通常包括问题定义、数据提取和预处理、模型构建和模式挖掘、结果评估和知识实施等步骤。

（1）问题定义：这是数据挖掘过程中最困难的部分，需要组织在这一重要步骤上花费大量时间。研究人员和利益相关者需要共同定义业务问题，这有助于为给定的数据挖掘项目提供数据问题和参数，从而得到有价值的结果。

（2）数据提取和预处理：问题明确以后，研究人员更容易确定收集数据的范围，数据需要与研究问题高度相关。数据收集后将被清理，去除噪声，如重复值、缺失值和异常值。根据数据集的不同，还可以采取额外的步骤来减少维数，因为过多的特征会降低后续的计算速度。同时，研究人员将寻求保留最重要的预测因子，以确保结果的准确性和稳定性。

（3）模型构建和模式挖掘：根据分析的类型，研究人员可以分析任何类型的数据关系，如顺序模式、关联规则或者相关性，还可以使用深度学习算法对数据集进行分类或聚类，如输入数据被标记（监督学习），则可以使用分类模型来对数据进行分类，或者应用回归来预测特定分配的可能性。如果数据集没有被标记（无监督学习），则将训练集的各个数据点相互比较，以发现潜在的相似性，并基于这些特征进行聚类。

（4）结果评估和知识实施：数据整合后，需要对结果进行评估和解释。最终结果是有效的、新颖的、有价值的和可理解的。基于这些结果，组织可以实施新的发展战略，进行相应的调整，实现预期目标。

1.7　数据挖掘的应用

1.7.1　数据统计应用现状

数据统计是大数据应用最直观的形式，数据统计在企业中常被称为商务智能（business intelligence，BI）系统，使用者通过观察数据报表来掌握企业的经营状况，发现企业运营的问题。大数据技术利用各种分析方法和工具在海量数据中建立模型和发现数据间的潜在联系，帮助管理者发现问题，并提出改进方向。

随着技术的进步，数据统计应用发展得越来越迅速，例如传统按日生成的数据报表，可以缩短为小时级甚至分钟级，同时报表的细分刻画能力也更强，有助于更及时地掌握业务变化情况，更深入了解变化的细节。

1.7.2　个性化技术应用现状

每个人生来就是与众不同的，需求也是个性化的。以服装产业为例，每个用户穿着打扮的偏好、喜爱的服装款式各不相同，大数据能充分发挥所长，挖掘用户的个性化需求并加以满足。美国亚马逊公司通过挖掘用户在线的浏览行为和购买记录，成功挖掘出用户个性化模型并进行针对性商品推荐，极大促进了商品的购买率。目前亚马逊公司超过 30% 的购买收入由个性化推荐系统所贡献，这是了不起的成就。

私人定制就是个性化的一个典型案例，以往私人定制是高端人群独有的服务，价格昂贵，耗时耗力，而大数据技术能将定制过程自动化，从而降低成本，让大众享受到个性化服务的优势。亚马逊总裁杰夫·贝佐斯曾说过：如果我的网站有一百万个顾客，我就应该有一百万个商店。

个性化技术对合理调配企业资源也有积极的意义，例如的邓韩贝公司通过分析消费者在超市的逗留时间和消费明细，对不同顾客群体采取针对性的促销手段，同时帮助供应商针对不同区域制订相应的价格、库存及配送方案，从而节约了运营成本。

1.7.3 预测技术应用现状

人们每天都在进行着各种预测：如预测从家里出发到工作地点所需要的时间、预测某款产品发布以后一个月内的订单量、预测股市的变化、预测消费者行为等。未来，大数据预测将会发挥更大的作用，并在各个领域得到广泛应用。在金融领域，借助已有数据构建数学模型，并预测金融市场的行为，分析潜在风险，帮助金融机构做出投资决策。在医疗领域，利用大数据预测某种疾病的发生率，以及患者的治疗方案，从而帮助医生更好地诊断疾病，并为患者提供更有效的治疗方案。此外，还可以利用大数据预测某种疾病的治疗效果，以及患者的恢复情况，从而帮助医生更好地掌握患者的病情。在交通领域，利用大数据预测城市的交通流量，以及交通拥堵程度，从而帮助政府更好地解决交通拥堵问题。在电子商务领域，利用大数据预测消费者的购买行为和消费习惯，以及市场发展趋势，帮助企业更好地把握市场，并为消费者提供更优质的产品和服务。

1.7.4 分类和回归技术应用现状

如同谚语"朝霞不出门，晚霞行千里"，我们常常通过经验来分析不同现象之间存在的潜在关联和因果关系。如今大数据技术能代替人工经验更好地分析数据间的关联关系，帮助人们找出规律。常见的技术包括两类：一类称为回归分析（regression analysis）技术，它通过统计科学把握两个或多个变量间相关关系的强度；另一类称为分类（classification）技术，它是指通过分析已标注好的训练数据，自动将新的未知数据按种类、等级或性质分别归类的过程。

分类和回归是人脑最常进行的操作，现在计算机也能逐步代替人类完成这样的操作，且效率是人类的数万倍。典型的应用是英国 Adzuna 公司根据积累的海量职位薪酬数据，自动为招聘双方提供制定薪酬的科学依据，其最优的预测算法非常精确，生成的预测值和实际薪酬值误差不超过 10%。Adzuna 已成为英国政府的"幕后智囊团"，帮助英国政府了解失业率、职位空缺、薪酬水平等经济发展数据，以制定国策。

1.7.5 辅助决策系统应用现状

大数据技术基于海量一线数据，能让决策更科学，以降低误判的风险。其中大数据辅助分析有一个称为 GREAT 的原则：导向性（guided）、相关性（relevant）、可解释性

（explainable）、可行性（actionable）、及时性（timely），基于 GREAT 原则，越来越多的企业将会使用大数据，发挥其智囊团的作用。

1.8　数据挖掘面临的困难与挑战

尽管数据挖掘在诸多领域已经取得了进展，解决了一些实际问题，但仍面临着许多困难与挑战。

第一，大数据时代所面临的重大挑战就是用户的隐私保护问题。近年来，国内外多起密码泄漏、隐私侵权事件，暴露了大数据在隐私保护方面存在的问题。一方面我们需要对用户数据进行创新性的挖掘，另一方面还需要兼顾对用户隐私的保护，两者是硬币的正反两面，其平衡和博弈的问题会始终存在。

第二，数据库本身的问题。现实世界数据库中的数据是动态的且数量庞大，有时数据是不完全的，存在噪声、不确定性、信息丢失、信息冗余、数据分布稀疏等问题。这都会对数据挖掘的过程和结果带来不确定性和不可靠性。

第三，数据挖掘技术与特定数据存储类型的适应问题。数据库类型多样，不同的数据存储方式会影响数据挖掘的具体实现机制、目标定位、技术有效性等，如适用于关系数据库的算法未必适用于面向对象数据库。通过一种通用应用模式来适应所有的数据存储方式是不现实的。因此，针对不同数据存储类型的特点，进行针对性研究是将来一段时间所必须面对的问题。

第四，知识的表示形式。它包括如何对挖掘到的知识进行有效的表示，使人们容易理解，如何对数据进行可视化，推动人们主动地从中发现知识。可视化需求已经成为目前信息处理系统必不可少的技术，对于一个数据挖掘系统来说是非常重要的。可视化挖掘除了要和良好的交互式技术结合外，还必须在挖掘结果或知识模式的可视化、挖掘过程的可视化及可视化指导用户挖掘等方面进行探索和实践。因此知识表示的深入研究将是数据挖掘实用化的一个重要步骤。

第五，目前的数据挖掘系统还不尽如人意。研究人员还不能像关系数据库系统那样通过调用 SQL 语言快速查询自己想要的内容。虽然经过多年的探索，数据挖掘系统的基本构架和过程已经趋于明朗，但是受到应用领域、挖掘数据类型及知识表达模式的影响，在具体的实现机制、技术路线及各阶段或部件（数据清洗、知识形成、模式评估等）的功能定位等方面仍需细化和深入研究。由于数据挖掘是在大量的源数据集中发现潜在的、事先并不知道的知识，所以在数据挖掘过程中，与用户进行交互式探索是有必要的。这种交互可能发生在数据挖掘的各个不同阶段，从不同角度或不同粒度进行交互，所以良好的交互式挖掘（interactive mining）也是数据挖掘系统成功的前提。

第六，现有的理论和算法本身还有待发展完善。像定性定量转换、不确定性推理等一些根本性的理论问题还没有得到很好的解决。同时为了有效地从数据库的大量数据中提取信息，数据挖掘算法必须是有效的和可伸缩的。换句话说，对于大型数据库，数据挖掘算法的运行时间必须是可预计的和可接受的。所以需要发展高效的数据挖掘算法来解决大型数据库的操作和计算问题。

习　题

1. 什么是数据挖掘？
2. 数据有哪些类型？
3. 数据挖掘常用的技术有哪些？
4. 数据挖掘当前应用在哪些领域？
5. 数据挖掘过程中还会遇到什么困难和挑战？

第2章 ▙▖

数据预处理

　　数据是人们对客观事物观察和记录的结果，它可以是连续的，也可以是离散的。数据存在于人们学习生活的方方面面，是现实世界中不可或缺的一部分，也是进行数据挖掘的基础，因此，了解数据、认识数据将有助于数据的预处理和挖掘。本章将具体介绍与数据相关的一些问题。

2.1　认　识　数　据

2.1.1　数据对象与属性的类型

　　数据集由数据对象组成，它可以看作是数据对象的集合，一个数据对象代表一个现实实体。例如：在销售数据库中，对象可以是顾客、商品或销售量；在医疗数据库中，对象可以是患者，也可以是药品；在大学的数据库中，对象可以是学生、教师，也可以是课程。我们通常使用属性对数据对象进行描述，在数据库中，数据对象即为数据元组，数据库的行对应数据对象，列即为属性。本小节，我们定义属性，并且考察各种类型的属性。

　　属性是一个数据字段，表示数据对象的一个特征。属性有时也被称为维、变量或特征，它的类型通常由该属性可能具有的值的集合决定。在文献中，属性、维、特征和变量可以互换使用。术语"维"一般用在数据仓库中。机器学习文献更倾向于使用术语"特征"，而统计学家则更愿意使用术语"变量"。数据挖掘和数据库领域一般使用术语"属性"，本书使用术语"属性"。例如，描述顾客对象的属性可能包括客户号（customer_ID）、姓名（name）等。属性向量用来描述一个给定对象的一组属性，涉及一个属性、两个属性或多个属性的数据分布分别称为单变量，双变量或多变量。

　　表 2-1 是由客户信息构成的数据集，其中每一行对应一个客户；而每一列则表示数据的一个属性，描述客户的某一方面属性，如客户号、客户类型、年龄、消费金额等。

表 2-1　包含客户信息的数据集

序号	客户号	客户类型	年龄	消费金额/元	...	状态
1	NO.00001	普通客户	26	9000	...	未流失
2	NO.00002	重要客户	39	36250	...	未流失

续表

序号	客户号	客户类型	年龄	消费金额/元	...	状态
3	NO.00003	重要客户	43	25600	...	未流失
4	NO.00004	普通客户	56	12000	...	未流失
5	NO.00005	普通客户	36	7800	...	未流失
6	NO.00006	普通客户	28	17000	...	未流失
...	...	...	...	...	...	...

　　选择哪种类型的属性描述数据对象、处理描述数据，是我们在数据分析处理的过程中必须认真考虑的问题，本小节将对数据的属性进行详细的介绍。

　　属性是数据对象的性质或特性，通常相同的属性可以映射不同的属性值，不同的属性可以映射到相同的值的集合。属性包括以下几种类型：标称属性、二元属性、序数属性、数值属性、离散属性与连续属性。

　1. 标称属性

　　标称属性即通过提供足够的标签以区分不同的对象，它的值域是一个由符号事物构成的有限集合，例如头发颜色、职业和邮政编码。标称属性的每个不必具有意义的序，可以视其为枚举的，所以在计算机专业术语中，标称属性也称为枚举类型。例如描述人的标称属性职业，可能的取值有警察、消防员、教师、程序员等，并无实际意义。

　　尽管标称属性的值是一些符号或"事物的名称"，但是可以用数表示这些符号或名称。例如对 hair_color，我们可以指定代码，0 表示黑色，1 表示棕色。另一个例子是 customer_ID，它的可能值可以都是数值。需要注意的是，对标称属性进行数学运算毫无意义，如用一个顾客号减去另一个顾客号。尽管一个标称属性可以取整数值，但是并不能把它视为数值属性，因为并不打算定量地使用这些整数。

　　因为标称属性值是不具有意义的序，并且不是定量的，所以给定一个对象集，找出这种属性的均值（平均值）或中位数（中值）没有意义。此时，适合找出出现最频繁的属性，即众数。众数是一个中心趋势度量。本书将在 3.1 节数据的基本统计描述中介绍中心趋势度量。

　2. 二元属性

　　二元属性（binary attribute）是一种标称属性，也称布尔属性。它是一种特殊的标称属性，只有两个类别和状态：0 或 1、TRUE 或 FALSE。例如，在记录大学生对应于某属性的课程成绩时，如果通过了这门课程，则该属性取值为 1，反之取值为 0，在这种情况下，关注非零值才更有意义。这两种状态分布或重要性不同的属性被称为非对称的二元属性，我们可以利用这个性质进行关联分析。两个状态或者重要性相同的属性则是对称的二元属性，最常见的例子是性别。

　　一个二元属性是对称的，如果一个二元属性的两种状态的结果具有同等价值，那么这个二元属性就是对称的，例如，具有男和女这两种状态的属性 gender（性别）。

　　如果一个二元属性的两种状态的结果并不是同样重要的，那么这个二元属性是非对称的，如人类免疫缺陷病毒（human immunodeficiency virus，HIV）化验的阳性和阴性结果。为方便起见，我们将用 1 对最重要的结果（通常是稀有的）编码（例如，HIV 阳性），而另一个用 0 编码（例如，HIV 阴性）。

3. 序数属性

序数属性是指序数类型的属性值之间存在有意义的序，相继值之间的差是固定的，可通过把数值量的值域划分为有限个序列得到序数类型，常见的序数类型例子包括门牌号、大中小、职位和军衔。此外，在生活中同样会遇到序数属性的一些实例，例如，高校教师的职称包括助教、讲师、副教授和教授等。

对于记录不能客观度量的主观质量评估，序数属性通常用于等级评定调查。在一项调查中，作为顾客，参与者被要求评定他们的满意程度。顾客的满意度有如下序数类别：0——很不满意，1——不太满意，2——一般，3——满意，4——很满意。

需要注意的是：首先，不能使用均值对序数属性的中心趋势进行度量，通常众数和中位数比均值更能表示其中心趋势；其次，序数属性是定性属性，它只具备对象的描述性特征而不具备数值属性，因此，当对其赋予数值时，其仅代表类别的计算编码。

4. 数值属性

数值属性是定量的，即它是可度量的量，用整数或实数值表示。数值属性包括区间标度属性（interval-scaled）和比率标度属性（ratio-scaled），对于区间标度属性，值之间的差值是有意义的；对于比率标度属性，则差与比率都是有意义的。

区间标度（interval-scaled）属性用相等的单位尺度度量。区间属性的值有序，可以为正、0 或负。因此，除了值的秩评定之外，这种属性允许我们比较和定量评估值之间的差。例如，生活中常见的温度属性就是区间标度属性，我们将每日甚至是每时的温度看成是一个对象，对这些值进行排序就能获得关于温度的秩评定；此外，我们还可以量化不同值之间的差。例如，温度 20℃比 5℃高出 15℃。

由于区间标度属性是数值的，除了中心趋势度量中位数和众数之外，我们还可以计算它们的均值。

比率标度属性是具有固有零点的数值属性，即度量是比率标度，我们可以说一个值是另一个值的倍数（或比率）。此外，这些值是有序的，所以我们可以计算值之间的差，也能计算均值、中位数和众数。例如，开氏温标（K）与摄氏度、华氏温度不同，开氏温标具有绝对零点，即 0°K = −273.15℃。其他实例还包括重量、高度和速度等。

5. 离散属性与连续属性

离散属性具有有限个或者无限可数个值，这样的属性可以是分类的，也可以是数值的。离散属性用整数变量表示。二元属性是离散属性的一个特例，它只包括两个值，例如对和错、男和女、真和假等。若一个属性可能的值集合是无限的，且集合内所有可能的值与自然对数一一对应，则这个属性是无限可数的。例如，属性 customer_ID 是无限可数的。顾客数量是无限增长的，但事实上实际的值集合是可数的（可以建立这些值与整数集合的一一对应）。

如果属性不是离散的，则它是连续的，用实数表示，在日常生活中，我们经常遇到的身高、体重和体温等都是连续属性。在文献中，术语"数值属性"与"连续属性"通常可以互换使用。

这些属性可以按照是否具有数的性质划分为定性的属性和定量的属性，其中枚举类型、二元属性和序数属性统称为定性的属性，定性的属性不具备数的大部分属性，其中的数值也只能当作符号；区间标度属性和比率标度属性统称为定量的属性，它可以用数表示，同时也具备数的性质。

2.1.2 数据集的类型

随着数据挖掘技术的日益发展，越来越多种类的数据集被用于数据的挖掘和分析，从而更好地协助决策者进行预测和分析。在日常的学习实践中，数据集可以划分为以下三种类型：记录数据、基于图形的数据和有序数据。

1. 记录数据

记录数据是数据挖掘过程中处理最多的一种数据，我们经常处理的数据都是日常记录的汇集，这些记录数据一般存储在关系数据库中，每个记录对象都具有相同的属性集，在日常的数据分析与挖掘过程中并不对所有的属性进行分析，只会处理那些对我们有用的信息。最常见的记录数据包括事务数据和数据矩阵。事务数据也叫购物篮数据，它是记录数据的一种特殊类型，例如超市将顾客购买商品的种类集合记录下来就构成了事务，这个类型的数据即称为事务数据（表 2-2）。数据矩阵是记录数据的变体，若所有的数据对象都有相同的属性集，则可以将数据属性用列表示，数据对象用行表示，这样就形成了一个数据矩阵，在这种情况下，数据矩阵具备了矩阵的一些性质，可以使用矩阵对数据矩阵进行处理，使数据处理变得便捷。

表 2-2　事务数据

序号	项目
1	牛奶、面包、苹果
2	啤酒、面包、牛肉
3	苹果、矿泉水、面包、啤酒
4	牛奶、啤酒、面包
5	牛肉、土豆、啤酒
6	矿泉水、面包、牛奶

2. 基于图形的数据

有时，图形也可以有效地表示数据，基于图形的数据即用图形对对象进行形象的表示，这里的对象即为图元和图段。图元由点、线、面和字符组成，而图段由图元组成，每个图元用坐标、方位等表示，这样就可以将图形的信息记录下来。同时如果对象具有结构，即各子对象之间相互关联，那么这样的对象就可以用图形来表示，其中，化学上的化合物结构可用图形来表示，例如苯环等，我们可以通过图形来探究化合物的各种子结构及特定的化学性质。

3. 有序数据

对于某些数据类型，属性具体涉及时间和空间的联系，这些数据即被称为有序数据，其类型包括时序数据、时间序列数据和空间数据。

时序数据也称为时间数据，它可以看作是数据记录的补充，每个记录都包含一个与之关联的时间，时间信息可以帮助我们发现不同时间发生的事务之间的联系。例如每个人都有购物经历，包含不同时间购买的商品列表，可以通过分析其以往的购物经历，推断出下次购物可能购买的商品，以达到优化顾客购物流程的目的。

时间序列数据是一种特殊的时序数据，其中每个记录都是一个时间序列，即一段时间以来测量的数据。例如某地区某个时间段的平均气温或者平均降水量即为时间数据，在对时间数据进行处理时，要考虑相邻时间段的数据之间的关联性，因为这些数据的测量数据时间很接近，使得这些数据测量值很接近；同时也需要考虑相同季节和时间数据值的关系，因为这些数据在大部分情况下很接近。图 2-1 即为 11 点 0 分到 12 点之间北京和上海的温度时间序列。

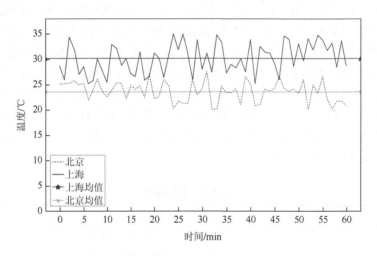

图 2-1　11 点 0 分到 12 点之间北京和上海的温度时间序列

数据除了上述的数据类型外，还具有空间属性，例如空间位置和区域，所以这些记录的数据即为空间数据。空间数据在工程项目上很常见，尤其在地球科学领域应用广泛，例如气象领域记录了在不同经度和纬度上测量的气温和气压。在分析这类数据时也要像时间序列一样考虑空间的相关性。

2.2　原始数据存在的问题

在数据挖掘过程中使用的数据通常是为了解决特定问题而收集的，或在收集时并不了解其用途,所以原始数据的质量难以得到控制。而试验研究所需的数据不仅仅需要在数量上得到满足,在质量上也要满足一定的要求。

然而要想获得完美的数据是不可能的,在数据收集过程中由于人为的失误或数据检测设备的限制,数据不能完全展现,会出现部分数据甚至全部数据丢失的情况。现实中所获得的原始数据大部分都会出现这样和那样的问题,在试验过程中,原始数据可能存在的问题有测量误差、数据不一致、数据缺失、噪声和数据重复。

1. 测量误差

测量误差是指在数据的测量过程中,测量工具的不准确,测量方法的不完善及测量人员的失误而导致的测量值与实际值之间存在不一致,这种测量过程中出现的不一致即测量误差。几乎所有的测量中都存在误差,所以我们需要认识到误差的存在、了解误差、不断消除误差,从而更好地实现数据的后续处理。

2. 数据不一致

在通常情况下,原始数据来源于不同的应用软件和数据库,不同应用软件在收集数据过程中的侧重点不同,采集加工的方式也各种各样,导致输出的数据格式不尽相同,从而使数据很难做到集成共享,无法直接进行数据处理。

除了上述原因外,相同数据库内的数据也可能出现不一致,例如在网购过程中,对于相同的收货地址,由于消费者填写地址的方式不同而导致输出不同的编号,出现了不一致的值。无论出现何种不一致,重要的是意识到不一致的存在,并通过合适的方式消除不一致,实现数据的统一化和标准化。

3. 数据缺失

在原始数据中,某些数据缺失一个属性值或多个属性值的现象被称为数据缺失。有时数据的记录者认为某些属性值不重要,从主观上造成了数据的缺失;也有可能出现因为信息收集不全而导致数据缺失的现象,例如,有些消费者出于隐私考虑,拒绝透露年龄、体重等个人信息而造成数据缺失。

4. 噪声

噪声是变量中存在的随机错误和误差,是数据中偏离期望值的孤立点,产生噪声的原因有很多,其中主要原因有人为的因素,也有因为设备落后和技术的不成熟造成的噪声。如图 2-2 所示,孤立的点即为噪声。

5. 数据重复

原始数据中可能包含重复或者几近重复的数据:首先,同一对象在数据库中可能存在超过两条相同的记录;其次,相同的信息可能存在于不同的数据库中,当原始数据整合多个数据库时,就造成了数据的重复。例如,我们经常能够收到重复的邮件,这可能是我们的信息存在于不同的数据库中。

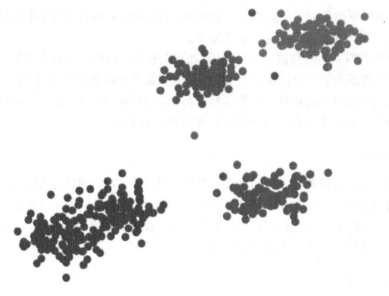

图 2-2　聚类中的噪声

2.3　数据预处理方法

我们现在处于一个数据爆炸的时代,在生活中无时无刻不产生海量的数据,大数据技术的发展极大丰富了数据挖掘的数据源,但也使数据库变得冗余,极易受到数据噪声、数据重复、数据缺失及数据不一致等问题的影响。如果直接对原始数据进行处理和分析,可能无法得到正确的结果,如何对数据进行预处理、如何提高数据质量、如何提高数据挖掘的质量是非常关键的问题。本节主要对数据预处理的常用方法和步骤进行简要的介绍和说明。

2.3.1　数据预处理的步骤

数据预处理是在对数据进行聚类、分类等处理分析操作之前进行的一系列简易处理,在现实生活中,数据大多不完整,无法直接进行后续的数据挖掘与分析,这给后续的操作带来不便。为了提高数据挖掘的质量,需要对数据进行预处理,使之更加符合目标需求,降低数据挖掘所需要的时间。

通常情况下,数据预处理没有固定的标准,也不拘泥于特定的处理方法,对于不同的数据类型和不同的数据需求需要采用不同的数据预处理方法,一般对同一数据集采用多种预处理方法,并对每种方法的处理效果进行评估对比,从而获取最有效的一种或几种预处理方法。当然,也可以根据以往的经验,采用一种最合适的方法对数据进行预处理。

对原始数据进行预处理,使那些缺失的数据不断趋向完整,错误的数据能够得到更正,重复的数据能够被剔除,从而提高数据的质量,使从不同数据源、数据库中获得的数据得到集成，数据类型实现统一，数据格式实现标准化，使后续的分析处理更加简便准确。换言之，经过数据预处理，不仅可以使数据更适合后续挖掘分析，同时能够节约挖掘时间并降低数据挖掘成本。

数据预处理主要包括数据清理、数据集成、数据归约和数据变换。这里仅简要介绍这些专有名词的概念，具体的内容将依次在后续章节中展现。

（1）数据清理。现实世界中的数据质量通常是不高的，这会对数据分析工作带来极大的干扰。通过离群点的识别，空缺值的填充等数据清理方式，能有效提升数据的质量，例如，在对消费者的信息进行统计时，消费者的性别属性值包括男和女，抑或是空缺值，这些空缺值就需要通过数据清理来提高数据质量。

（2）数据集成。数据集成是将多个数据源中的数据集合存放在一个数据存储单元中，这些数据源可以是数据库也可以是数据文件，将这些数据源进行集成操作，可能会出现数值冲突和数据冗余。例如，在不同数据库中，由于单位的不同，很可能造成即使具有相同属性的数据，其值也可能是不同的。

（3）数据归约。数据归约技术用于得到数据的归约表示，使该表示在原数据集的基础上得到精简，但不破坏其完整性，通过数据归约后的数据集更便于数据挖掘，同时能够获得和原始数据几近相同甚至是完全相同的分析结果。在数据归约的过程中，经常能够用到的策略有：数据方聚集、数据压缩、数值压缩、维归约、离散化和概念分层。

（4）数据变换。通常用于数据挖掘的源数据分布于各个数据库或数据文件中，数据的形式和属性有一定形式的不同，数据变换就是将各种不同形式的原始数据转换成易于挖掘的形式，其主要内容包括对原始数据进行汇总、规范化和标准化。

2.3.2　数据清理

原始数据往往充斥着大量的噪声和空缺值，通过数据清理可以消除数据中的噪声，识别离群点，填充空缺值和纠正数据中的不一致，最终有效提升数据的质量。数据清理包括以下内容。

1. 填充空缺值

收集到的数据不可能是完整、没有任何遗漏的。如果数值因为某些原因出现空缺，这势必会影响后续的数据处理，为了降低或消除这种影响，必须对这些空缺值进行处理，处理的方法有以下几种。

1）忽略该记录

如果一条数据记录中出现多个空缺值，尤其是缺失关键的数据记录，通过某些数据处理方法虽然能够填充这些空缺值，但填充后的值已经不能代表原来想要表达的意义，甚至会对数据分析与挖掘的结果产生影响，这时我们应该删除这条数据记录。

2）删除属性

在一些数据记录中，某些属性的值空缺比较严重，进行大规模的空缺值填充已经没有意义，这时就将该属性删除。

3）手工填写空缺值

如果数据源还保存有档案资料，可以结合这些档案资料，手工填写这些空缺值。手工填写空缺值工作量较大，也比较耗费时间，一般数据规模较大的情况下不宜采用这种方法。

4）使用该属性平均值

当出现空缺值时，可以计算该属性已知所有值的平均值，并将其填充空缺值，例如某购物商城的客户消费额平均值为8600元，则可以将其填充进缺失消费额的客户信息记录中，当然这种方法只能填充少数的空缺值，当出现大面积的空缺值时，则可以考虑删除属性和手工填写空缺值。

5）估计最可能的值

某些空缺值可以通过评估该条记录的其他属性内容获得，根据已知的信息和属性之间的联系，使用关联规则等技术推测出最可能的值并填充，例如，可以通过客户的消费能力推测出其年收入。当然这种方法基于估计做出，其结果并不完全准确。

2. 处理噪声数据

在测量数据的过程中，可能出现一些误差或者错误，这些误差或错误可能使测量值和真实值之间存在一定的误差，这种误差就是噪声。如果直接对噪声数据进行分析与挖掘，则可能得出不真实的结果，从而影响后续的决策判断。为了获得真实的数据和分析结果，应尽可能地消除这些噪声，具体的噪声数据处理方法如下。

1）分箱

分箱是一种常用的数据预处理方法，它通过考察数据周围的值来平滑存储数据的值。将待处理的数据按照一定的规则放进一些箱子中，对每个箱子里的数据进行观察并采用相应的方法对各个箱子中的数据进行处理。在完成分箱的操作之后，就需要选择合适的方法对数据进行平滑操作，常见的数据平滑方法有平均值平滑、中值平滑和边界平滑。

例如数据集：4、8、9、12、15、18、19、23、30。按照每个箱子深度相同进行划分，可以划分为三个箱子，分别如下。

箱1：4，8，9。箱2：12，15，18。箱3：19，23，30。

（1）平均值平滑。首先求出每个箱中数据的平均值，并用求出的平均值代替箱中原有数据。上述示例的平均值平滑结果如下。

箱1：7，7，7。箱2：15，15，15。箱3：24，24，24。

（2）中值平滑。我们需要求解每个箱子中数据的中位数，将每个箱子中的数据按照从小到大的顺序进行排列，若箱内数据个数为奇数，则可直接取中位数作为平滑值；若箱内数据个数为偶数，则需要计算中间两个数据均值并将其作为平滑值。上述示例的中值平滑结果如下。

箱1：8，8，8。箱2：15，15，15。箱3：23，23，23。

（3）边界平滑。先将箱中数据按照从小到大的顺序进行排列，确定出两个边界值，再比较各个数据和两个边界值的差值，选取差值小的那个边界值代替该数据，若某个数据和两个边界值的差值相同，则按照事先确定的规则选择其中一个边界值，可以是左边界，也可以是右边界，在下面这个例子中我们选择左边界的值。上述示例边界平滑的结果如下。

箱 1：4，9，9。箱 2：12，12，18。箱 3：19，19，30。

下面，为了方便读者的理解，我们将用表格的形式展示上述例子（表 2-3）：

表 2-3 数据平滑的分箱方法

数据集：4、8、9、12、15、18、19、23、30

序号	原始数据	平均值平滑	中值平滑	边界平滑
箱 1	4，8，9	7，7，7	8，8，8	4，9，9
箱 2	12，15，18	15，15，15	15，15，15	12，12，18
箱 3	19，23，30	24，24，24	23，23，23	19，19，30

2）聚类

聚类是将抽象对象的集合划分为具有相似特征的对象集合组成的多个类的过程，其结果是形成一组具有相似特征的子集，也被称为簇，同一个簇中的数据对象尽可能相似，不同簇中的数据对象尽可能不同。利用聚类方法去除噪声就是找出那些不在簇中的孤立值，而这些孤立值即为噪声。图 2-3 即为一个聚类的简单示例。

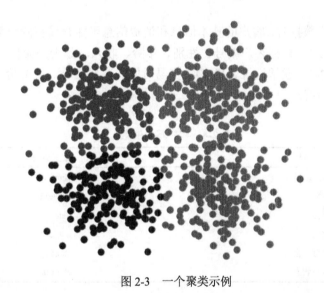

图 2-3 一个聚类示例

3）回归

利用回归函数进行数据平滑，即通过建立数学模型来预测数值，它通过找出两个变量之间的最可能的直线或者曲线方程，来预测在已知自变量的情况下因变量的值。线性回归和非线性回归是最常见的两种回归方法，其中线性回归是常用的回归方法，即通过构造两个变量来构造线性函数，可以用方程式 $Y = aX + b$ 表示，其中 Y 是因变量，X 为自变量，a,b 为回归系数，可以通过最小二乘法求得，从而降低数据模型与实际数据之间的误差。通过回归可以找出一个适合数据的数学方程式来消除噪声。

021

3. 纠正不一致的值

有些数据记录可能会存在不一致的情况，在实际生活中一致的事物，在数据库中可能会出现不同的属性名称，例如，"客户编号"与"客户 ID"。另外记录出错或是工作疏忽导致相同的内容在不同数据库中的记录存在差异。这些不一致的值可以依据相关材料进行手动的纠正，但这样做的工程量是很庞大的。在这种情况下，通常可以利用一些程序来检测违反规则的数据和纠正不一致的值。

2.3.3 数据集成

数据挖掘中所使用的数据通常来自不同的数据库或数据文件，因此无法直接对这些数据进行处理，这就需要把来自多个数据库或数据文件的数据进行合并，统一存储在一个一致的数据存储单元中，例如数据仓库，这个处理过程称作数据集成。数据集成主要处理数据中存在的数据冗余和不一致的值。

在数据集成中，一般要考虑以下问题。

1. 模式匹配

商家在记录客户数据时，客户的基本信息和消费信息可能存储在两个数据表中，其中客户基本信息（表 2-4）包括客户编号、性别、年龄、收入、是否为会员、客户状态等，客户消费信息（表 2-5）通常记录客户 ID、交易时间、商品名称、商品价格、商品数量、总价等具体的消费情况。

表 2-4　客户基本信息

属性名称	数据类型
客户编号	short int
性别	boolean
年龄	date
收入	boolean
是否为会员	short int
客户状态	short int

表 2-5　客户消费信息

属性名称	数据类型
客户 ID	int
交易时间	date
商品名称	string
商品价格	real
商品数量	short int
总价	real

在分析不同背景的客户的购买力、忠诚度，以及是否会流失时，需要在数据预处理时对表 2-4、表 2-5 进行整合。通过对表 2-4、表 2-5 的分析，我们发现，这两张表可以通过"客户编号"和"客户 ID"联系起来，因此在数据集成时需要确认这两个客户属性是否为同一信息，通常可以通过观察属性的值来确定，一般来说，每一名客户都有其唯一对应的编号。在将两张表合并之后，可以将表 2-5 中的"客户 ID"变换成"客户编号"，以方便后续的数据分析与挖掘。同时，我们发现"客户编号"和"客户 ID"这两个属性的数据类型存在差异，在模式匹配过程中，应统一两者的数据类型，一般情况下，在不丢失信息的情况下选择长度较小的数据类型，这在一定程度上可以减少数据分析和挖掘的成本。

2. 数据冗余

数据冗余是指数据库或者数据文件中存在重复的数据信息，数据冗余使得在数据分析与挖掘的过程中对重复的数据进行重复处理，这不仅影响数据处理的效率，导致处理过程复杂化，也无形中加大了数据处理的成本。

在数据库中，一些数据冗余是较为容易发现的，例如表 2-5 中的"商品价格"、"商品数量"和"总价"，在进行数据分析的时候，"总价"可以通过"商品价格"和"商品数量"来计算，在这种情况下，就发生了数据冗余，我们在进行数据预处理的时候可以忽略"总价"这个属性，利用其他两个属性的关系来解决问题，从而在一定程度上降低数据分析与挖掘的成本。

当然，并不是所有的数据冗余都是容易被发现的，对于那些不易被发现的数据冗余，如何去发现呢？通常在这种情况下可以采用相关分析方法，根据相关分析方法的结果来判断数据冗余是否存在。相关分析方法通过检测分析一个属性在多大程度上蕴含另一个属性，假设有 A 和 B 两个属性，那么 A 和 B 之间的关系如下式：

$$r_{A,B} = \frac{\sum (A - \overline{A})(B - \overline{B})}{(n-1)\sigma_A \sigma_B} \tag{2-1}$$

其中：n 为数据的个数；$\overline{A}$，$\overline{B}$ 分别为 A 和 B 的平均值；σ_A，σ_B 分别为 A 和 B 的标准差。如果 $r_{A,B}$ 的值越大，则说明两个属性之间存在较强的相关性，因此可以去掉其中一个属性并用一个属性进行替代。

3. 数据值冲突

在数据挖掘过程中，所使用的数据可能来自不同的数据源，这为出现数据值冲突埋下了伏笔，来自不同数据源的数据因为单位、编码不同而造成属性值相异。例如在分析钢材的销量数据时，一个数据库中单位用千克表示，而另一数据库中的单位则是吨；此外，对于同一属性，有的数据库用布尔型来表示，有的用字符型来表示。这都会造成数据值冲突。

无论是哪种情况，都会对数据的挖掘产生负面影响。通过数据预处理将来自不同数据库的数据集成起来，消除数据冗余和不一致，不仅能够提高后续的数据挖掘速度和效率，而且能够在一定程度上削减成本。

2.3.4 数据归约

大数据具有海量性、高速性、多样性与低价值性四大特征，若不对大数据进行处理直接进行挖掘与分析，不仅耗费大量的时间与成本，也无法获得准确的信息与结果。学习生活中会使用到多种数据归约技术，重点介绍以下几种方法。

1. 维归约

数据集有众多属性，每一个属性称为一个维，维归约即通过删除不相关的属性或者减少数据量，从而减少数据处理的工作量。一般情况，所收集和汇总的数据非常庞大，但是真正需要的数据只是其中很小的一部分，如果直接对所有的数据进行处理，不仅使数据分析与挖掘的速度减缓，那些无关的数据可能会导致无用甚至是误导性的结果，影响决策与判断。因此在进行数据分析与挖掘前，需要删除这些无关属性，即进行维归约。

维归约是从原有的数据中删除那些不重要的或者不相关的属性，其目的是找到最小的属性子集，且要使该属性子集在一定程度上与原数据集的概率分布相同。找到最小属性子集的方法有以下几种。

1）逐步向前选择

逐步向前选择即从一个空属性集开始，将其看作是属性子集的初始值，每次从原属性集中选择一个最优的属性添加到属性子集中，这样重复多次选出最优子集并将其添加，直到无法选出最优子集为止。

2）逐步向后删除

逐步向后删除即将一个拥有所有属性的子集看作是初始值，然后不断从中选择出最差的属性并将其从该子集中删除，经过多次迭代，直到无法选择出最差子集为止。

3）向前选择和向后删除相结合

为了使维归约的效果更好、子属性的选择更加快捷，可以同时采用向前选择和向后删除相结合的方法，每一次都选择一个最好的属性并删除一个较差的属性，并多次迭代。

2. 数据压缩

数据压缩是在保留原有数据有用信息的前提下，通过对数据进行编码、变换、重新组织，使数据量缩减以减少数据存储空间和更易传输的一种数据预处理的技术方法，其能够在一定程度上消除数据统计的冗余。根据在压缩过程中是否存在信息丢失，将数据压缩分为无损压缩和有损压缩。如果原数据经过压缩形成新的结构而不丢失信息，那么称为无损压缩；相反，如果将原数据的信息通过压缩转化为几个主要成分，通过主成分来分析原始数据，那么这种压缩即为有损压缩。最常见的有损压缩有两种：一种为主成分分析，假如待压缩的数据由 n 个元组或者数据向量组成，那么主成分分析即将这 n 个数据元组或者向量用 n 个具有代表性的数据向量表示，即将原来的数据映射到一个比较小的空间，以实现压缩；另一种常见的有损压缩是小波变换，它是一种新的变换分析方法，数据经过小波变换后能够进行一定程度的裁剪，而且能够保留较强的那一部分数据，从而保留近似的压缩数据。数据压缩的过程如图 2-4 所示。

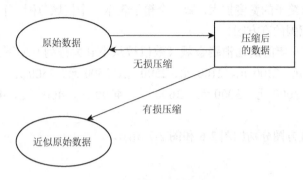

图 2-4　数据压缩的过程

3. 数值归约

数值归约即选择较少的数据来代替原有数据，通过减少数据量的方式来实现数据的归约。在具体的实践操作中，常见的数值归约方法有线性回归模型、直方图、聚类和抽样。这四种数值归约方法的具体内容如下。

1）线性回归模型

利用线性回归模型进行数值归约主要是对数据进行建模，使得形成一条直线，并尽可能使更多的数据点在直线上或直线附近，可以使用公式 $Y = aX + b$ 来将因变量 Y 表示为自变量 X 的随机函数，其中 a 和 b 为回归系数，分别表示直线的斜率和截距。在实际中，可以通过已知的数据计算出回归系数，建立起线性回归模型，这样就可以缩减存储的数据量，只需要记住自变量和回归系数，就可以对相应的因变量进行预测，从而实现数值归约。图 2-5 即为一个线性回归模型。

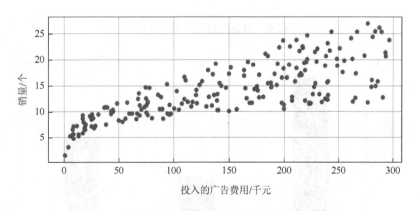

图 2-5　投入的电视广告费用与销量的线性回归模型

2）直方图

直方图是一种常用的数值归约技术，它可以将所有的数据划分为若干个箱，每个箱可以表示一个属性值，也可以表示多个属性值，一个箱的宽度代表数据值的取值范围，高度表示数据的个数，即为频率。如果一个箱只表示一个属性，那么即为单桶，如果数据仍需要继续归约，就可以将每个箱子的宽度扩大，即一个箱子表示一个值域范围。下面将用实例具体说明这两种不同取值范围的直方图。

例如 20 位顾客一年的购物消费金额（数值按从小到大排列）如下：

2000 元、2000 元、2100 元、2100 元、2500 元、2500 元、2500 元、2800 元、2800 元、2800 元、2800 元、3000 元、3000 元、3600 元、4000 元、4000 元、4000 元、4100 元、4100 元、4500 元。

单桶和箱宽的直方图分别如图 2-6 和图 2-7 所示。

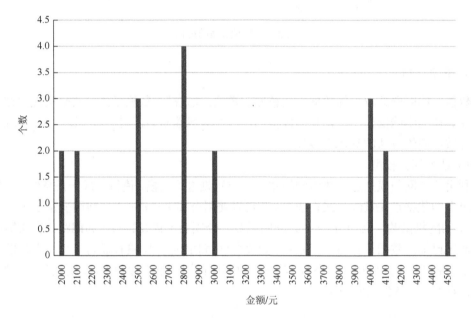

图 2-6 消费金额直方图（单桶）

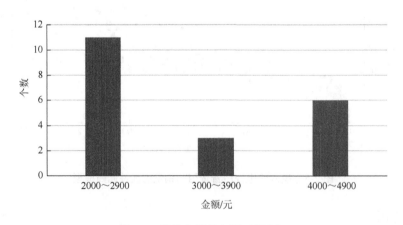

图 2-7 消费金额直方图（箱宽）

3）聚类

聚类是按照一定的规则对原始的数据进行划分，形成具有相似特征的种群或簇，使同簇中子集具有较高的相似性，不同簇中的子集则尽可能相异。如果数据存在聚类特征，即可以将数据分成有限个簇，那么聚类将是一种很好的数值归约方法。图 2-8 和图 2-9 分别为一组随机数据和经过 k-means 后的结果。

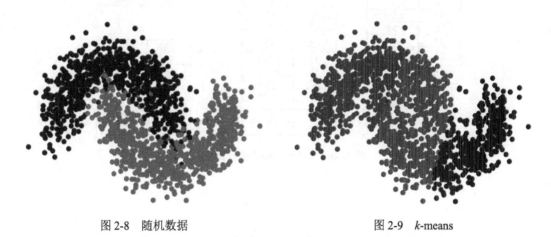

图 2-8　随机数据　　　　　　　　　　图 2-9　k-means

4）抽样

抽样和其他归约方法有所差别，其他的归约方法是对属性进行选择和删除，抽样则是按照一定的规则对数据记录进行选取。当数据记录较多时，可以从所有的数据子集中按照一定的规则抽取一部分数据，这部分数据即为样本，抽选出的样本与原数据集具有相同或者相似的概率分布。在抽样的过程中，样本的大小没有硬性的规定，需要按经验确定。抽样一般有简单随机抽样、系统抽样和分层抽样：如果每次从 N 个个体中抽取 n 个样本，其中每个个体被抽取的可能性都是均等的，那么这样的抽样就是简单随机抽样；系统抽样则是将总体分为几个等份，然后从每个部分中抽取一个个体，将所有个体汇集到一起就形成了一个数据样本；分层抽样是将总体分成不同的层次，按照一定的比例从各个层次中抽取一定数量的个体，将其汇总即得到所需样本。通过分层抽样进行维归约的具体过程如图 2-10 所示。

4. 离散化和概念分层产生

由于存储空间和计算的需要，不能使用所有的数据进行分析，在这种情况下，需要将连续的数据离散化，以实现数据分析的简便快速。通常的做法为将数据划分为各个区间，并从每个空间中选择一个数据代替原有数据。如果在数据集递归地使用某种离散化技术，就形成了数据集的概念分层。下面将通过一个例子说明离散化和概念化分层。

例如数据集：−18、−15、−14、−13、−8、−7、−5、−4、−1、2、3、4、6、7、8、12、14、15、16、18。

可以看出数据集在（−20, 20）之间，具体的离散和概念分层如图 2-11 所示。

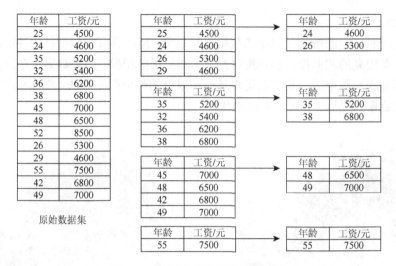

图 2-10 通过分层抽样进行维归约

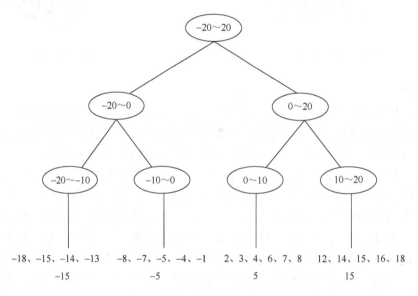

图 2-11 数据集的离散和概念分层

从图 2-11 中可以看出有三个层次的节点，每个节点都表示一定范围的值，其中每个节点的区间范围一致，从图中可以很容易地获取各个层次的数据集和离散后的值。在实际的操作中，应该根据实际需要确定层次数量和最小的取值范围，取值范围既不能过小也不能过大，否则都会影响归约的效果。

2.3.5 数据变换

在大多数情况下，原始数据不能直接进行数据分析与挖掘，需要对数据进行一定程度的变换，数据变换就是将数据整理成为易于挖掘的形式，数据变换主要包括数据平滑、数据聚集、数据泛化、规范化和属性构造。下面将详细介绍数据变换的主要内容。

1. 数据平滑

数据平滑可以去除噪声，将连续的数据离散化，若采用分箱或者聚类的方法，可以通过选取一个具有代表性的值来代替原有的数据集，这样减少了参与数据分析与处理的数据个数，在一定程度上减少了数据分析与处理的工作量和成本。主要的数据平滑技术包括分箱、聚类和回归。

2. 数据聚集

数据聚集主要包括对数据的汇总和数据立方体的构建。对于一个公司来说，需要统计每日、每月、每个季度甚至是每年的销售额，这种情况并不需要对每个客户的每笔订单销量和单价进行统计，只需要将每个客户的销售额聚集便可获得日销售额、月销售额、季度销售额和年销售额。图 2-12 即为一个年度销售额数据聚集的示例。

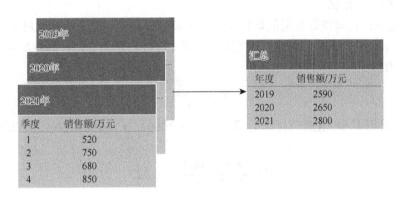

图 2-12　年度销售额数据聚集

3. 数据泛化

在一些情况下，过于详细的数据反而不适合数据的分析与挖掘工作，这通常会使数据挖掘过程复杂化并且花费大量时间，为了解决这个问题，可以使用概念分层，利用高层次概念替换原始数据中的低层次概念，从而加快数据挖掘进程。

4. 规范化

规范化也称标准化，就是将现有的数据按照一定的比例进行缩放，使之处于一定的区域之内，如 0.0～1.0 或者-1.0～1.0，经过规范化的数据会使得在数据分析与挖掘过程中输入的数据保持在一个较小的范围内，从而使数据处理变得更加快速。规范化在利用距离度量的分类算法中也发挥着至关重要的作用。下面将重点介绍一些常用的规范化方法。

1）最小-最大规范化

假设 $\min_A$ 和 $\max_A$ 分别为一个属性 A 的最小值和最大值，v 和 v' 分别为原数据中的值和对应的规范化后的数据中的值，原数据的数据区间可表示为 $[\min_A, \max_A]$，经过规范化后的数据区间可表示为$[\text{new\_min}_A, \text{new\_max}_A]$，通过计算可以将$v$的值映射到$[\text{new\_min}_A, \text{new\_max}_A]$上得到$v'$，具体的计算公式如下：

$$v' = \frac{v - \min_A}{\max_A - \min_A}(\text{new\_max}_A - \text{new\_min}_A) + \text{new\_min}_A \tag{2-2}$$

通过该公式可以使规范化后的数据和原数据之间存在一种特定的关系。

例如，有客户消费金额数据集：2000元、2000元、2100元、2100元、2500元、2500元、2500元、2800元、2800元、2800元、2800元、3000元、3000元、3600元、4000元、4000元、4000元、4100元、4100元、4500元。

已知客户消费金额区间为[2000, 4500]，那么利用最小-最大规范化方法将消费额为2800元规范到[0, 10]中，对应的值是多少？

$$v' = \frac{(2800 - 2000) \times (10 - 0)}{4500 - 2000} + 0 = 3.2 \tag{2-3}$$

故3.2就是2800规范后的值。

2）零-均值规范化

零-均值规范化即根据数据的均值和标准差进行规范化，通常使用这种方法的情况是最大最小值未知或者离群点对数据影响较大。其中$\bar{x}$为样本均值，σ为样本标准差，具体的计算公式如下：

$$v' = \frac{v - \bar{x}}{\sigma} \tag{2-4}$$

对上述的数据用零-均值规范化来计算，得$\bar{x} = 3060$，$\sigma = 790.1899$，所以规范化后的值为

$$v' = \frac{2800 - 3060}{790.1899} = -0.329 \tag{2-5}$$

3）小数定标规范化

小数定标规范化通过移动属性数据的小数点进行规范化，移动小数点的位数需要根据最大值来确定，因此这个方法需要知道属性的取值范围。具体的计算公式如下：

$$v' = \frac{v}{10^j} \tag{2-6}$$

其中，j是使得$\max|v'| < 1$的最小整数。

仍然以上述数据集为例，客户消费金额的最大值为4500元，所以j取4，规范化后的值为

$$v' = \frac{4500}{10^4} = 0.45 \tag{2-7}$$

5. 属性构造

数据集的某一属性值过多而难以处理，这时为了使属性值更容易理解和处理，通常根据现有的属性构造新的属性添加到数据集中以便数据的处理与分析。例如在分析客户收入时，属性值过多无法形成直观感受，这时就可以根据一定的区间将客户收入划分为低、中、高三个层次，从而使数据展示更加直观明了。

习　题

1. 在日常的学习实践中,通常将数据集分为三类:＿＿＿＿＿、＿＿＿＿＿、＿＿＿＿＿。
2. 原始数据存在的问题有:＿＿＿＿＿、＿＿＿＿＿、＿＿＿＿＿。
3. 数据预处理有哪些步骤和方法。
4. 为什么要进行数据归约,数据归约有哪些方法?
5. 利用等宽分箱技术对数据集进行离散化,使得每箱宽度不超过 10,具体的数据集 D = {0、1、2、2、4、5、6、7、9、12、15、16、16、16、18、19、22、25、26、27、30、31、32、36、37、38}。
6. 在维归约中,寻找最小属性子集的方法有哪几种?

实　践　练　习

为了更深地了解数据预处理的相关知识点,我们用一个简单的例子来实现数据预处理的部分功能。

1. 首先建立一个数据表。
2. 接下来查看每列中非空值的数量,运行结果显示目前数据中空缺值。
3. 空缺值处理,对上述表格进行更改,使之出现一个空缺值。

第3章 数据探索

数据探索有助于分析者选择合适的数据分析技术。数据分析技术包括数据的基本统计描述、可视化分析和联机分析处理三个主题。数据的基本统计描述可以从整体上把握数据的全貌，对后续的数据预处理至关重要。可视化分析可以帮助我们识别"隐藏"在无结构数据集中的关系、趋势和偏差。联机分析处理可以将数据集中到不同维或不同属性中，能够满足分析者对大量且复杂数据的查询分析需求，包括多维数据和多维结构两个重要概念。

3.1 数据的基本统计描述

对于成功的数据预处理而言，把握数据的全貌至关重要。数据的基本统计描述可以用来识别数据的性质，凸显哪些数据值应该视为噪声或离群点。

本节讨论三类基本统计描述。我们从中心趋势度量开始，它度量数据分布中部或中心位置。常用的中心趋势度量和均值（mean），中位数、众数及中列数。本节还将介绍数据散布。

3.1.1 中心趋势度量

本小节主要讨论度量数据中心趋势的各种方法。假设某个属性 X 已经对一个数据对象集记录了它们的值。令 $x_1, x_2, \cdots, x_N$ 为 X 的 N 个观测值或观测，大部分观测值的落点可以反映数据的中心趋势。中心趋势度量包括均值、中位数、众数和中列数。

数据集"中心"的最常用、最有效的数值度量是（算术）均值。令 $x_1, x_2, \cdots, x_N$ 为某数值属性 X（如 salary）的 N 个观测值或观测。该值集合的均值为

$$\bar{x} = \frac{\sum_{i=1}^{N} x_i}{N} = \frac{x_1 + x_2 + \cdots + x_N}{N} \tag{3-1}$$

例 3.1 均值。假设有薪资的如下值（单位：元），按递增次序显示：30000，31000，47000，50000，52000，52000，56000，60000，63000，70000，70000，110000。使用（3-1）式，有

$$\bar{x} = (30000 + 31000 + 47000 + 50000 + 52000 + 52000 + 56000 + 60000$$
$$+ 63000 + 70000 + 70000 + 110000)/12 = 58000$$

因此，薪资的均值为 58000（单位：元）。

有时，对于 $i=1,\cdots,N$，每个值 x_i 可以与一个权重 w_i 相关联。权重反映它们所依附的对应值的意义、重要性或出现的频率。在这种情况下，可以计算：

$$\bar{x} = \frac{\sum_{i=1}^{N} w_i x_i}{\sum_{i=1}^{N} w_i} = \frac{w_1 x_1 + w_2 x_2 + \cdots + w_N x_N}{w_1 + w_2 + \cdots + w_N} \tag{3-2}$$

这称作加权平均。

尽管均值是描述数据集的最有用的统计量，但是它并非总是度量数据中心的最佳方法。主要问题是，均值对极端值，如离群点很敏感。例如，公司的平均薪资可能被少数几个高收入的个体显著推高。为了抵消少数极端值的影响，可以使用修削平均（trimmed mean）。修削平均是舍弃高低极端值后的均值。例如，可以对薪资的观测值排序，并在计算均值之前分别去掉最高及最低 2% 的观测值，需要注意的是，截去的最高的和最低的观测值不宜过多，因为这很可能丢失有价值的信息。

对于倾斜（非对称）数据，数据中心的更好度量是中位数（median）。中位数是有序数据值的中间值。

在概率论与统计学中，中位数一般用于数值数据。然而，我们将这一概念推广到序数数据。假设给定某属性 X 的 N 个值按递增序排序。如果 N 是奇数，则中位数是该有序集的中间值；如果 N 是偶数，则中位数不唯一，它是中间的两个值和它们之间的任意值。在 X 是数值属性的情况下，根据约定，中位数取中间两个值的平均值。

例 3.2 中位数。找出例 3.1 中数据的中位数。该数据已经按递增排序。有偶数个观测（即 12 个观测），所以中位数不唯一。它可以是最中间两个值 52000 和 56000 中的任意值。根据约定，我们指定这两个最中间的值的平均值为中位数。即(52000 + 56000)/2 = 54000。于是，中位数为 54000（单位：元）。

假设我们只有该列表的前 11 个值。给定奇数个值，中位数是最中间的值。这是列表的第 6 个值，其值为 52000（单位：元）。

当观测的对象范围很广时，中位数的计算开销很大。然而，对于数值属性，我们可以很容易计算中位数的近似值。假定根据数据的 x_i 值划分区间，并且已知每个区间的频率（数据值的个数）。例如，可以将薪资划分为 10000～20000 元、20000～30000 元等区间。令包含中位数频率的区间为中位数区间。可以使用如下公式，用插值计算整个数据集的中位数的近似值，如薪资的中位数：

$$\text{median} = L_1 + \left(\frac{N/2 + \left(\sum \text{freq}\right)_l}{\text{freq}_{\text{median}}} \right) \text{width} \tag{3-3}$$

其中：L_1 是中位数区间的下界；N 是整个数据集中值的个数；$\left(\sum \text{freq}\right)_l$ 是低于中位数区间的所有区间的频率和；$\text{freq}_{\text{median}}$ 是中位数区间的频率，而 width 是中位数区间的宽度。

众数（mode）是另一种中心趋势度量。数据集的众数是集合中出现最频繁的值。因此，可以根据定性和定量属性确定众数。可能最高频率对应多个不同值，导致多个众数。

具有一个、两个、三个众数的数据集合分别称为单峰（unimodal）、双峰（bimodal）和三峰（trimodal）。另外，具有两个或更多众数的数据集是多峰（multimodal）。在极端情况下，如果每个数据值仅出现一次，那么它没有众数。

例3.3 众数。例3.1的数据是双峰的，两个众数为52000和70000（单位：元）。对于适度倾斜（非对称）的单峰数值数据，有以下关系：

$$mean - mode \approx 3 \times (mean - median) \tag{3-4}$$

这意味着如果均值和中位数已知，则适度倾斜的单峰频率曲线的众数可由此估算出来。

中列数（midrange）也可以用来评估数值数据的中心趋势。中列数是数据集的最大和最小值的平均值。中列数使用SQL的聚集函数max( )和min( )计算。

例3.4 中列数。例3.1数据的中列数为(30000 + 110000)/2 = 70000（单位：元）。

在具有完全对称的数据分布的单峰频率曲线中，均值、中位数和众数都是相同的中心值，如图3-1（a）所示。

在大部分实际应用中，数据都是不对称的。它们可能是正倾斜的，其中众数出现在小于中位数的值上[图3-1（b）]；或者是负倾斜的，其中众数出现在大于中位数的值上[图3-1（c）]。

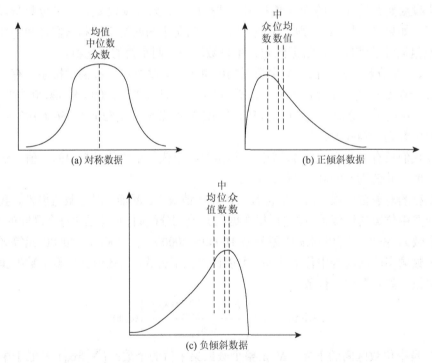

图3-1 对称、正倾斜和负倾斜数据的中位数、均值和众数

3.1.2　数据散布度量

我们考察评估数值数据散布或发散的度量。这些度量包括极差、分位数、四分位数、百分位数，可以用箱形图显示，以便识别离群点。方差和标准差也可以指出数据分布的散布。

1. 极差、四分位数和四分位数极差

设 $x_1, x_2, \cdots, x_N$ 是某数值属性 X 上的观测的集合。该集合的极差（range）是最大值 [max( )] 与最小值 [min( )] 之差。

假设属性 X 的数据以数值递增序排列。挑选某些数据点，以便把数据划分成大小相等的连贯集，如图 3-2 所示。这些数据点称作分位数（quantile）。分位数是取自数据分布的每隔一定间隔上的点，把数据划分成基本上大小相等的连贯集合（之所以称为"基本上"，是因为不存在把数据划分成恰好大小相等的诸子集的 X 的数据值）。给定数据分布的第 k 个 q 分位数是值 x，使得小于 x 的数据值最多为 k/g，而大于 x 的数据值最多为 $(q-k)/q$，其中 k 是整数，使得 $0<k<q$，即有 $q-1$ 个 q-分位数。

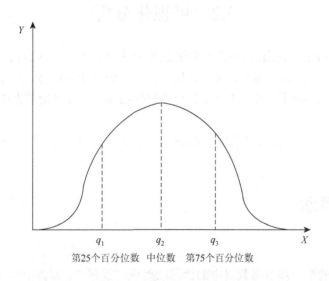

图 3-2　某属性的百分位图

二分位数是一个数据点，它把数据分布划分成上、下两半。二分位数对应于中位数。四分位数是 3 个数据点，它们把数据分布划分成 4 个相等的部分，使得每部分表示数据分布的四分之一。通常称它们为四分位数。100 分位数通常称作百分位数（percentile），它们把数据分布划分成 100 个大小相等的连贯集。中位数、四分位数和百分位数是使用最广泛的分位数。

四分位数可以估计数据分布的中心及散布、形状的某种指标。第 1 个四分位数记作

q_1，它去掉数据的最低的 25%。第 3 个四分位数记作 q_3，它去掉数据的最低的 75%（或最高的 25%）。第 2 个四分位数是第 50 个百分位数，作为中位数，它给出数据分布的中心。

第 1 个和第 3 个四分位数之间的距离是散布的一种简单度量，它给出被数据的中间一半所覆盖的范围。该距离称为四分位数极差 (IQR)，定义为

$$IQR = q_3 - q_1 \tag{3-5}$$

2. 方差和标准差

方差与标准差都是数据散布度量，它们指出数据分布的散布程度。低标准差意味着数据观测趋向于非常靠近均值，而高标准差表示数据散布在一个大的值域中。

数值属性 X 的 N 个观测值 $x_1, x_2, \cdots, x_N$ 的方差是：

$$\sigma^2 = \frac{1}{N}\sum_{i=1}^{N}(x_i - \bar{x})^2 = \left(\frac{1}{N}\sum_{i=1}^{n}x_i^2\right)^2 - \bar{x}^2 \tag{3-6}$$

其中，$\bar{x}$ 是观测的均值，由（3.1）式定义。观测值的标准差 σ 是方差 σ^2 的平方根。

3.2 可视化分析

数据可视化（data visualization）旨在通过图形清晰有效地表达数据。数据可视化已经在许多应用领域广泛使用。例如，可以在编写报告、管理企业运转、跟踪任务进展等工作中使用数据可视化。除此之外，还可以利用可视化技术，发现原始数据中不易观察到的数据联系。

本节考察一些与可视化有关的一般概念，特别是考察数据和其属性可视化的一般方法。

3.2.1 一般概念

1. 数据映射

可视化分析的第一步是将数据中的信息映射成可视形式，即将信息中的对象、属性和联系映射成可视的对象、属性和联系。即映射对象的属性，以及数据对象之间的联系要转换成诸如点、线、形状和颜色等图形元素。

对象通常用三种方法表示：首先，若只考虑对象的单个分类属性，则根据该属性的值将对象聚成类，并且把这些类作为表的项或屏幕的区域显示（本小节后面给出的例子是交叉表和条形统计图表）；其次，若对象具有多个属性，则可以将对象显示为交叉表的一行（或列），或显示为图的一条线；最后，对象常常解释为二维或三维空间中的点，其中点可以用几何图形表示，如圈、十字叉或方框。

属性的表示取决于属性的类型，即取决于属性是标称的、序数的还是连续的（区间的

或比率的）。序数的和连续的属性可以映射成连续的、有序的图形特征，如在 X, Y 或 Z 轴上的位置、亮度、颜色或尺寸（直径、宽度或高度等）。对于分类属性，每个类别可以映射到不同的位置、颜色、形状、方位、修饰物或表的列。然而，对于标称属性，由于它的值是无序的，所以在使用具有与其值相关的固有序的图形特征（如颜色、位置等）时，就需要特别小心。换言之，用来表示序数值的图形元素通常有序，但是标称值没有序。

通过图形元素表示的关系或者是显式的，或者是隐式的。对于图形数据，通常使用标准的图形表示——点和点间的连线。如果点（数据对象）或连线（关系）具有自己的属性或特性，那么这些属性也可以图示。例如，如果点是城市，连线是公路，那么点的直径可以表示人口规模，而连线的宽度可以表示交通流量。

通常将对象和属性映射到图形元素，隐含地将数据中的联系映射到图形对象之间的联系。例如，如果数据对象代表具有位置信息的物理对象（如城市），那么对应于数据对象的图形对象的相对位置趋向于保持对象的实际相对位置。同样，如果两个或三个连续属性取作点的坐标值，其结果图通常呈现属性和数据点的联系，所以看上去靠近的数据点具有相似的属性值。

一般情况下，很难用图形元素表示对象和属性的映射关系，这是可视化的主要难点之一。在任意给定的数据集中，有许多隐含的联系，因此可视化的主要难点是选择一种技术，让这些联系易于被发现。

2. 数据安排

如前所述，对于好的可视化分析，正确选择对象和属性的可视化显示是基本的要求。在可视化显示中，项的安排也是至关重要的。我们用两个例子解释这一点。

例 3.5 表 3-1 中，显示具有 6 个二元属性的 9 个数据对象，对象和属性之间没有明显的联系。然而，重新排列该表的行和列后，如表 3-2 所示，则可以清楚地看出表中只有两类对象——一类的前三个属性取 1，而另一类的后三个属性取 1。

表 3-1　排列前的数据对象

数据对象	二元属性					
	1	2	3	4	5	6
1	0	1	0	1	1	0
2	1	0	1	0	0	1
3	0	1	0	1	1	0
4	1	0	1	0	0	1
5	0	1	0	1	1	0
6	1	0	1	0	0	1
7	0	1	0	1	1	0
8	1	0	1	0	0	1
9	0	1	0	1	1	0

表 3-2　排列后的数据对象

数据对象	二元属性					
	6	1	3	2	5	4
4	1	1	1	0	0	0
2	1	1	1	0	0	0
6	1	1	1	0	0	0
8	1	1	1	0	0	0
5	0	0	0	1	1	1
3	0	0	0	1	1	1
9	0	0	0	1	1	1
1	0	0	0	1	1	1
7	0	0	0	1	1	1

3. 数据选择

可视化分析的另一个关键概念是数据选择，即删除或不突出显示某些对象和属性。具体来说，目前低维度的数据对象可以直接映射成二维或三维图形进行表示，但是还没有出现令人完全满意的方法可以表示高维度数据对象。同样，在有很多数据对象的情况下，如对所有对象进行可视化，可能导致图像显示过于拥挤。

处理多个属性的最常用方法是使用属性子集（通常是两个属性）。如果维度不太高，则可以构建双变量（双属性）图矩阵用于联合观察。可视化程序可以自动地显示一系列二维图，其中次序由用户通过预定义的策略控制，让可视化二维图的集簇提供数据的更完整的视图。

当数据点的个数较多或数据极差很大时，充分显示每个对象的信息是困难的，有些数据点可能遮掩其他数据点，或数据对象因占据不了足够多的像素，导致不能清楚地显示其特征。例如，如果只有一个像素可用于显示，那么对象的形状不能用于对象特性编码。在这种情况下，或通过放大数据的特定区域，或通过选取数据点样本，删除某些对象是解决以上问题的方法。

3.2.2　不同数据的可视化

以往，可视化技术只能分析一小部分特定的数据类型。随着可视化技术的不断发展，越来越多数据类型可以运用可视化技术进行分析。

尽管可视化技术具有专门性和特殊性，但是仍然可以通过一般性方法对可视化技术进行分类。分类一般是基于所涉及的属性个数（1、2、3 或多），或者基于数据是否具有某种特殊的性质（层次结构或图结构）。可视化方法也可以根据所涉及的属性类型进行分类。下面将介绍少量属性可视化，时间空间属性的数据可视化，以及高维数据可视化。

1. 少量属性可视化

少量属性可视化技术可分为两类，其中一类可视化技术（直方图）可以显示单个属性观测值分布，而另一类可视化技术（散布图）旨在显示两个属性值之间的关系。

茎叶图（stem-and-leaf display）可以用来观测一维整形或连续数据的分布。对于一组连续的整形数据，首先将值分组，每个组成为茎，而组中的最后一位数字成为叶。若值是两位整数，如 35、36、42 和 51，则茎是高位数字 3、4 和 5，而叶是低位数字 1、2、5 和 6。通过垂直绘制茎，水平绘制叶，可以提供数据分布的可视表示。

例 3.6　下面一组数据是某生产车间 30 名工人某日加工零件的个数，请设计适当的茎叶图表示这组数据，数据为 134，112，117，126，128，124，122，116，113，107，116，132，127，128，126，121，120，118，108，110，133，130，124，116，117，123，122，120，112，112。

答案如图 3-3 所示。

```
10 |  7 8
11 |  0 2 2 2 3 6 6 6 7 7 8
12 |  0 0 1 2 2 3 4 4 6 6 7 8 8
13 |  0 2 3 4
```

图 3-3　零件数茎叶图

直方图通过将可能的值分散到箱中，并显示落入每个箱中的对象数，显示属性值的分布。对于分类属性，每个值在一个箱中。若值过多，则使用某种方法将值合并。对于连续属性，将值域划分成箱（通常是等宽的），并对每个箱中的值计数。

例 3.7　绘制简易直方图。

```python
import numpy as np
import matplotlib.pyplot as plt
from matplotlib import mlab
from matplotlib import rcParams
fig1=plt.figure(2)
rects=plt.bar(x=(0.2,1),height=(1,0.5),width=0.2,align="center",yerr=0.000001)
plt.title('Histogram')
plt.show()
```

绘制简易直方图结果如图 3-4 所示。

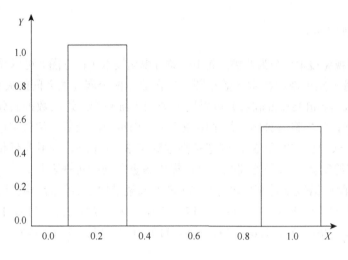

图 3-4　简易直方图

一旦有了每个箱的计数，就可以构造条形图（bar chart），每个箱用一个条形表示，每个条形的面积与落在对应区间的值（对象）的数成正比。若所有区间都是等宽的，则所有条形的宽度相同，且条形的高度与落在对应箱中的值（对象）的个数成正比。

箱形图（box plot）是另一种显示一维数值属性值分布的方法。图 3-5 显示萼片长度的加标记的箱形图。箱的下端和上端分别指示第 25 和第 75 个百分位数，而箱中的线指示第 50 个百分位数的值，底部和顶部的尾线分别指示第 10 和第 90 个百分位数，离群值用"＋"显示。箱形图相对紧凑，所以可以将许多箱形图合并显示在一个图中。此外，使用简化版本的箱形图可以节省更多空间。

例 3.8　运用 matplotlib 绘制箱形图。

```
import matplotlib.pyplot as plt
import numpy as np
all_data=[np.random.normal(0,std,100)for std in range(1,4)]
fig=plt.figure(figsize=(8,6))
bplot=plt.boxplot(all_data,notch=False,sym='rs',vert=True)
plt.xticks([y+1 for y in range(len(all_data))],['x1','x2','x3'])
plt.xlabel('measurement x')
for components in bplot.keys():
    for line in bplot[components]:
        line.set_color('black')
t=plt.title('Black and white box plot')
plt.show()
```

箱形图绘制结果如图 3-5 所示。

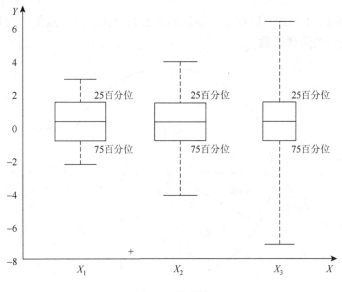

图 3-5　箱形图

饼形图（pie chart）类似于直方图，但通常用于具有相对较少的值的分类属性。饼形图使用圆的相对面积显示不同值的相对频率，而不是像直方图那样使用条形的面积或高度显示相对频率。尽管饼形图很常见，但是它们在学术性出版物中并不常用，因为相对面积的大小往往很难确定。

例 3.9　某手机卖场统计当月各品牌手机销量，据统计 Vivo 手机售出 10 部，Meizu手机售出 20 部，Huawei 手机售出 50 部，Iphone 手机售出 80 部，请根据售出数量绘制饼形图。

```
import matplotlib.pyplot as plt
import numpy as py
fig=plt.figure()
labels=['vivo','meizu','huawei','Iphone']
values=[10,20,50,80]
colors=['yellow','red','green','blue']
plt.pie(values,labels=labels,colors=colors,startangle=180,
shadow=True)
plt.title('pip chart')
plt.show()
```

饼形图绘制结果如图 3-6 所示。

经验累积分布函数图通过定量显示数据分布。尽管这种类型的图看上去很复杂，但是概念相当简单。对于统计分布的每个值，累积分布函数（cumulative distribution function，CDF）显示点小于该值的概率。对于每个观测值，经验累积分布函数（empirical cumulative distribution function，ECDF）显示小于该值的点的百分比。由于点的个数是有限的，经验累积分布函数是一个阶梯函数。

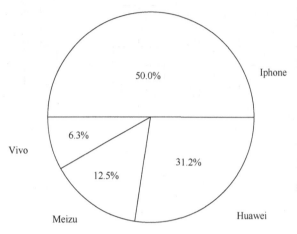

图 3-6　某手机卖场当月手机销量饼形图

2. 时间空间数据可视化

数据常常有空间或时间属性，例如，数据可能是在某空间上的观测值的集合，如地球表面的压力，或物体模拟在各个点上的模拟温度，这些观测值可以在不同的时间点得到。此外，数据也可能只有一个时间分尾，如反映每日股票价格的时间序列数据。

对于某些三维数据，等高线图（contour plot）是一种有用的可视化工具。以显示地理位置海拔的等高线图为例，平面会被划分为一些区域，区域中第三个属性（海拔）的值差距不大。

例 3.10　运用 matplotlib 绘制等高线图。

```
import matplotlib.pyplot as plt
import numpy as np
x=np.linspace(-10,10,100)
y=np.linspace(-10,10,100)
X,Y=np.meshgrid(x,y)
Z=np.sqrt(X**2+Y**2)
plt.contour(X,Y,Z)
plt.contourf(X,Y,Z)
plt.show()
```

等高线图绘制结果如图 3-7 所示。

曲面图（surface plot）与等高线图类似，曲面图使用 x 和 y 坐标表示两个属性，曲面图的第三个属性用来指示高出前两个属性定义的平面的高度。如果曲面不太规则，除非交互地观察，否则很难看到所有信息。因此，曲面图通常用来描述数学函数，或变化相对平滑的物理曲面。

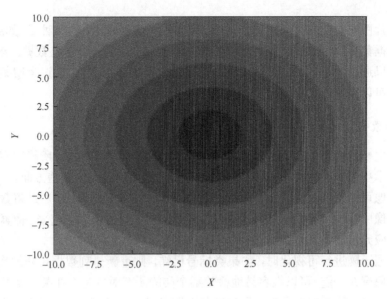

图 3-7　等高线图

例 3.11　运用 MATLAB 绘制曲面图。

```
[X,Y]=meshgrid(1:0.5:10,1:20);
Z=sin(X)+cos(Y);
C=X.*Y;
surf(X,Y,Z,C)
Colorbar
```

曲面图绘制结果如图 3-8 所示。

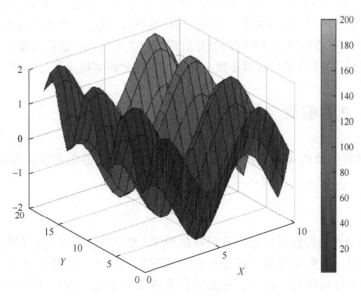

图 3-8　曲面图

低维切片图针对时间空间数据集,它记录不同地点和时间上的某种量,如温度或气压。时间空间数据集有四个维度,上文介绍的相关图形并不适合表示这些数据。然而,时间空间数据集可以通过一组低维切片图表示数据集上每月的数据变化,通过考察某一时间段的低维切片图可以观察该时间段内的数据变化特征和趋势。

3. 高维数据可视化

本小节主要介绍可以显示更多维度的可视化技术,使用这些技术所能观察的维数比上文介绍的技术更多。但也存在一些局限性,它们只能显示数据的某些方面。

矩阵图像可以看作像素的矩形阵列,数据矩阵是值的矩形阵列,通过将数据矩阵的每个元素与图像中的一个像素相关联,就可以将数据矩阵与图像对应起来,像素的亮度和颜色由矩阵对应元素的值决定。

在对数据矩阵进行可视化时,如果类标号已知,则重新排列数据矩阵的次序,使某个类的所有对象聚在一起,可以很容易地检验某个类的所有对象是否在某些属性上具有相似的属性值;如果不同的属性具有不同的阈值,则可以对属性标准化,使其均值为 0,标准差为 1,防止具有最大量值的属性在视觉上带来误解。

平行坐标系(parallel coordinates)每个属性对应一个坐标轴,但是与传统的坐标系不同,平行坐标系不同的坐标轴是平行的,而不是正交的。此外,将对象每个属性的值映射与该属性相关联的坐标轴中的点,再将所有的点相连接,得到代表该对象的线。

3.3 联机分析处理

联机分析处理(online analytical processing,OLAP)的概念最早由关系数据库之父埃德加·科德于 1993 年提出。当时,科德认为联机事务处理(online transaction processing,OLTP)已不能满足终端用户对数据库查询分析的需要,SQL 对大数据库进行的简单查询也不能满足用户分析的需求。用户的决策分析需要对关系数据库进行大量计算才能得到结果,而查询的结果并不能满足决策者提出的需求。因此科德提出了 OLAP 的概念。

3.3.1 OLAP 的概念

根据 OLAP 产品的实际应用情况和用户对 OLAP 产品的需求,其概念包含以下几点。

1. 便捷性

用户对 OLAP 的快速反应能力有很高的要求。系统应能在 5s 内对用户的大部分分析要求做出响应。如果终端用户在 30s 内没有得到系统响应,往往会失去耐心,退出系统,从而影响分析质量。对于大量的数据分析要达到这个速度并不容易,因此就更需要一些技术上的支持,如采用专门的数据存储格式等。

2. 可分析性

OLAP 系统能够处理与应用相关的任何逻辑分析和统计分析，并以用户设定的方式给出报告。用户可以在 OLAP 平台上进行数据分析，也可以连接其他外部分析工具，如时间序列分析工具、成本分配工具等。

3. 多维性

多维性是 OLAP 的关键属性。为了使用户能够从多个维度、多个数据粒度了解数据蕴含的信息，系统需要提供对数据的多维视图和分析。事实上，多维分析是分析企业数据最有效的方法。

4. 信息性

OLAP 系统应能及时地获得信息，并管理信息，这需要综合考虑数据的可复制性、可利用的磁盘空间，OLAP 产品的性能与数据仓库的结合度等相关。

3.3.2 OLAP 的多维数据概念

多维数据结构是决策支持的关键，也是 OLAP 的核心。OLAP 展现在用户面前的是一幅多维视图。

1. 维

维有自己固有的属性，如层次结构（数据进行聚合分析时使用）、排序（定义变量时使用）、计算逻辑（基于矩阵的算法，可有效地指定规则）。这些属性对进行决策支持是非常重要的。

2. 多维性

OLAP 通常将三维立方体的数据进行切片，显示三维的某一平面。如一个立方体有时间维、商品维、收入维，其图形很容易在屏幕上显示出来并进行切片。但当维数超过三维时，则很难将其可视化，要突破三维的障碍，就必须理解逻辑维和物理维的差异。OLAP 的多维分析视图就是冲破了物理的三维概念，采用了旋转、嵌套、切片、钻取和高维可视化技术，在屏幕上展示多维视图的结构，使用户直观地理解、分析数据，进行决策。

3.3.3 OLAP 的多维数据结构

数据在多维空间中的分布总是稀疏的、不均匀的。在事件发生的位置，数据聚合在一起，其密度很大。因此，OLAP 系统的开发者要设法解决多维数据空间的数据稀疏和数据聚合问题。事实上，有许多方法可以构造多维数据。

1. 超立方结构

超立方（hypercube）结构是指用三维或更多的维数来描述一个对象，每个维彼此垂直。数据的测量值发生在维的交叉点上，数据空间的各个部分都有相同的维属性。这种结构可应用在多维数据库和面向关系数据库的 OLAP 系统中，其主要特点是简化终端用户的操作。

2. 多立方结构

在多立方（multicube）结构中，将大的数据结构分成多个多维结构。这些多维结构是大数据维数的子集，面向某一特定应用对维进行分割，即将超立方结构变为子立方结构。它具有很强的灵活性，提高了数据（特别是稀疏数据）的分析效率。

一般来说，多立方结构灵活性较大，但超立方结构更易于理解。终端用户更容易接近超立方结构，它可以提供高水平的报告和多维视图。但具有多维分析经验的管理信息系统（management information systems，MIS）学者更喜欢多立方结构，因为它具有良好的视图翻转性和灵活性。多立方结构是存储稀疏矩阵的有效方法，并能减少计算量。因此，多立方结构常用于复杂的系统，以及预先建立的通用应用上。

许多产品结合了上述两种结构，它们的数据物理结构是多立方结构，但却利用超立方结构来进行计算，结合了超立方结构的简化性和多立方结构的旋转存储特性。

3. 活动数据的存储

用户从某个应用所提取的数据被称为活动数据，它的存储有以下三种形式。

1）关系数据库

若数据来源于关系数据库，则活动数据被存储在关系数据库中。在大部分情况下，数据以星形或雪花形结构进行存储。

2）多维数据库

活动数据被存储在服务器上的多维数据库中，包括来自关系数据库和终端用户的数据。通常，数据库存储在硬盘上，但为了获得更高的性能，某些产品允许多维数据结构存储在随机存取机（random access machine，RAM）上。有些数据被提前计算，计算结果以数组形式进行存储。

3）基于客户的文件

通常情况下，可以提取相对少的数据放在客户机的文件夹里。这些数据可预先建立，如 Web 文件。与服务器上的多维数据库一样，活动数据可放在磁盘或 RAM 上。

这三种存储形式的处理速度有极大不同，其中关系数据库的处理速度大大低于其他两种。

4. OLAP 数据的处理方式

OLAP 有三种数据处理方式。

1）关系数据库

OLAP 数据可借助关系数据库进行计算，然后将计算结果作为多维引擎输入。多维引擎在客户机或中层服务器上计算大量数据，这样可以利用 RAM 来存储数据，提升响应速度。但在关系数据库上完成复杂的多维计算并不是较好的选择，因为关系数据库的单语句并不具备多维计算的能力。

2）多维服务引擎

大部分 OLAP 通过多维服务引擎来完成多维计算。这种方式可以同时优化引擎和数据库，服务器上较大的内存能够保证大量数组的计算。

3）客户机

在客户机上进行计算，要求用户有性能良好的个人计算机，以此完成部分或大部分的多维计算。对于日益增多的瘦客户机，OLAP 产品将把基于客户机的处理移到新的 Web 应用服务器上。

3.3.4　OLAP 的多维数据库

多维数据库（multi dimensional database，MDD）可以简单地理解为将数据存放在一个 n 维数组中，而不是像关系数据库那样以记录的形式存放。因此它存在大量稀疏矩阵，用户可以通过多维视图来观察数据。多维数据库增加了一个时间维，与关系数据库相比，它的优势在于可以提高数据处理速度，加快反应时间，提高查询效率。

目前有两种 MDD 的 OLAP 产品：基于 MDD 的 MOLAP 和基于关系数据库的 ROLAP。ROLAP 建立了一种新的体系，即星形结构。

MDD 并没有公认的多维模型，也没有像关系模型那样标准地取得数据的方法。基于 MDD 的 OLAP 产品，依据决策支持的内容使用范围也有很大的不同。

在低端，用户使用基于单用户或小型局域网的工具来观察多维数据。这些工具的功能性和实用性可能相当不错，但由于受到规模的限制，它们不具备 OLAP 的所有特性。这些工具使用超立方结构，将模型限制在 n 维形态。当模型足够大且稀疏数据没有控制好时，这种模型将会不堪一击。这些工具使用数据库的大小是以 MB 来计量的，而不是以 GB 计量的，因此只能进行只读操作及有限的计算。

在高端，OLAP 工具提供了完善的开发环境、统计分析、时间序列分析、财政报告、用户接口、多层体系结构、图表等许多其他功能。尽管不同的 OLAP 工具都使用多维数据库，但它们在不同程度上也利用了关系数据库作为存储媒介。

与此同时，许多单一的多维数据库引擎也被开发出来。相比高端 MDD 工具，单一的多维数据库引擎使用的数据库更为复杂。这些工具还具有统计分析、财务分析和时间序列分析等功能，并有自己的应用程序接口（application program interface，API），并对前端开放。

MDD 能提供优良的查询功能。存储在 MDD 中的信息比在关系数据库中的信息具有更详细的索引，可以常驻在内存中。MDD 的信息是以数组形式存放的，所以它可以在不影响索引的情况下更新数据。因此 MDD 非常适合于读写应用。

3.3.5　OALP 的多维数据分析

1. 切片和切块

在多维数据结构中,按二维进行切片,按三维进行切块,可得到所需要的数据。如在"城市、产品、时间"三维立方体中进行切块和切片,可得到各城市、各产品的销售情况。

2. 钻取

钻取包含向下钻取和向上钻取操作,钻取的深度与维所划分的层次相对应。

3. 旋转

通过旋转可以得到不同视角的数据。

习　题

1. 简要介绍数据可视化的作用。
2. 判断下面说法是否正确。
（1）Photoshop 是大数据可视化工具。
（2）从宏观角度看,数据可视化的功能包括信息记录、信息的推理分析功能、信息传播功能。
3. 简述数据可视化的起源。
4. 大数据可视化的关键技术有哪些?
5. 简述 OLAP 的基本操作。

实　践　练　习

数据可视化练习:对 2010～2018 年全国各省的地区生产总值进行爬取,并可视化展示。爬取网站:http://data.stats.gov.cn/

第4章

决策树

随着云计算时代的到来，数据的爆发式增长在方便我们生活的同时也带来了诸多问题，如何从大量的信息中找到匹配的信息并挖掘出其潜在的更深层的价值变得越来越重要。分类技术是最重要的数据分析方法之一，其本质是将给定的对象 X，按照某一标准或属性将其划分到已经定义好的类别 Y_i 中。决策树就是一种经典的分类技术，它的核心思想是从历史数据中学习隐性知识、挖掘数据中的内在规律，将学习到的知识泛化到未知数据的分类预测。决策树在工业生产、管理营销以及医疗等领域有着广泛应用。本章主要就决策树的基本概念、分类和特点及一些较为典型的分类算法的运用进行讲解。

4.1 决策树概述

4.1.1 决策树的含义及相关概念

决策树是一种简单高效，并且应用广泛的分类技术。决策树由节点和有向边组成，采用自上向下的递归方法来构建，呈树形结构。

一般情况下，一棵决策树中由根节点、内部节点以及叶节点这三种节点组成，由根节点到叶节点的路径就是一条决策规则。决策树实际上就是一系列从根节点到叶节点的"自上而下"的判断选择过程。根节点与内部节点都属于非终节点，都包含属性或特征测试。其中根节点无入边，出边大于等于零；内部节点只有一条入边，出边大于等于二。叶节点代表最后的决策结果，只有一条入边，出边为零。决策树结构见图 4-1。

信息熵是信息论的核心概念，用以表征事件或随机变量的不确定程度。信息熵越小代表该集合的纯度越高，用公式可表示为

$$H(X) = -\sum_{i=1}^{|n|} p(x_i) \log_2 p(x_i) \qquad (4\text{-}1)$$

式中：n 为事件 X 可能发生的所有结果；$p(x_i)$ 代表每个结果发生的概率，这里 $i = 1, 2, 3, \cdots, n$。以抛硬币为例，假设抛出的硬币只存在正面和反面这两种结果且发生的概率相等。即 $p_{正} = p_{反} = 1/2$，其信息熵 $H(X) = 1$。

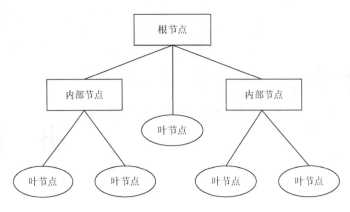

图 4-1 决策树结构

信息增益指的是在知道条件 Y 后，事件 X 不确定性下降的程度。信息增益越高，则代表集合的纯度越高。以信息增益作为最优划分属性的代表算法有 ID3 算法。信息增益的具体计算公式如下：

$$IG(X,Y) = H(X) - \sum_{m=1}^{M} \frac{|X_m|}{|X|} H(X_m) \tag{4-2}$$

式中，Y 表示某一属性，其取值范围为 $(Y_1, Y_2, Y_3, \cdots, Y_N)$。$X_m$ 表示在事件 X 中，在属性 Y 上取值为 Y_m 的样本的所有结果。

以表 4-1 数据集为例，在 14 个样本中，$p_{打球} = 9/14$，$p_{不打球} = 5/14$。由此可以计算出整个事件的信息熵为

$$H(X) = -\sum_{i=1}^{|n|} p(x_i) \log_2 p(x_i) = -\left(\frac{9}{14} \log_2 \frac{9}{14} + \frac{5}{14} \log_2 \frac{5}{14} \right) = 0.940 \tag{4-3}$$

表 4-1 打球数据集

编号	天气	湿度	风	温度	是否打球
1	晴	高	无	热	否
2	晴	高	有	热	否
3	多云	高	无	热	是
4	有雨	高	无	凉爽	是
5	有雨	适中	无	冷	是
6	有雨	适中	有	冷	否
7	多云	适中	有	冷	是
8	晴	高	无	凉爽	否
9	晴	适中	无	冷	是
10	有雨	适中	无	凉爽	是
11	晴	适中	有	凉爽	是
12	多云	高	有	凉爽	是
13	多云	适中	无	热	是
14	有雨	高	有	凉爽	否

接着再计算以天气为属性的信息增益，对表 4-1 属性为天气的样本信息进行整理，结果见表 4-2。

表 4-2　样本分布

属性	天气
属性取值范围	晴、有雨、多云
在属性天气上取值的样本及在该集合中是否打球的概率	$X_{晴} = \{1, 2, 8, 9, 11\}$; $p_{打球} = 2/5$; $p_{不打球} = 3/5$ $X_{多云} = \{3, 7, 12, 13\}$; $p_{打球} = 4/4$; $p_{不打球} = 0$ $X_{有雨} = \{4, 5, 6, 10, 14\}$; $p_{打球} = 3/5$; $p_{不打球} = 2/5$

可以得出 $H(X_{晴})$、$H(X_{多云})$、$H(X_{有雨})$：

$$\begin{cases} H(X_{晴}) = -\left(\dfrac{2}{5}\log_2\dfrac{2}{5} + \dfrac{3}{5}\log_2\dfrac{3}{5}\right) = 0.971 \\[2mm] H(X_{多云}) = -\left(\dfrac{4}{4}\log_2\dfrac{4}{4}\right) = 0 \\[2mm] H(X_{有雨}) = -\left(\dfrac{3}{5}\log_2\dfrac{3}{5} + \dfrac{2}{5}\log_2\dfrac{2}{5}\right) = 0.971 \end{cases} \tag{4-4}$$

最终得出天气的信息增益 IG（X, 天气）：

$$\begin{aligned} \text{IG}（X, 天气）&= H(X) - \sum_{m=1}^{M}\frac{|X_m|}{|X|}H(X_m) \\ &= 0.940 - \left(\frac{5}{14}H(X_{晴}) + \frac{4}{14}H(X_{多云}) + \frac{5}{14}H(X_{有雨})\right) \\ &= 0.940 - \left(\frac{5}{14}\times 0.971 + \frac{4}{14}\times 0 + \frac{5}{14}\times 0.971\right) \\ &= 0.246 \end{aligned} \tag{4-5}$$

同样的，可以得出其他属性的信息增益：

$$\text{IG}(X, 湿度) = 0.151; \quad \text{IG}(X, 温度) = 0.029$$
$$\text{IG}(X, 风) = 0.048; \quad \text{IG}(X, 编号) = 0.940$$

增益率是在信息增益的基础上进一步提出来的。即先运用信息增益作为划分标准，然后对高于信息增益平均值的某个属性的信息增益做增益率处理，以此来控制算法对某一属性可取值范围较大的偏好。以增益率作为最优划分属性的代表算法有 C4.5 算法。增益率具体计算公式为

$$\text{IGR} = (X, Y) = \frac{\text{IG}(X, Y)}{\text{IV}(Y)} \tag{4-6}$$

基尼指数（Gini-index）与信息增益不同，信息增益用于形容某一事件的"纯度"，而基尼指数用于形容某一事件的"不纯度"。即在一个属性集合中，随机抽出两个样本，

两个样本间不属于同一个集合的概率。因此，基尼指数越小，代表该集合的纯度较高。事件 X 的纯度可表达为

$$\mathrm{IV}(Y) = -\sum_{m=1}^{M} \frac{|X_m|}{|X|} \log_2 \frac{|X_m|}{|X|} \tag{4-7}$$

$$\mathrm{Gini}(X) = \sum_{i=1}^{|n|} \sum_{i' \neq i} p(x_i)p(x_i)' = 1 - \sum_{i=1}^{|n|} p^2(x_i) \tag{4-8}$$

属性 Y 的基尼指数定义为

$$\mathrm{Gini\text{-}index}\ (X,Y) = \sum_{m=1}^{M} \frac{|X_m|}{|X|} \mathrm{Gini}(X_m) \tag{4-9}$$

分类回归树（classfication and regression trees，CART）使用基尼指数来选择划分属性。CART 被称为数据挖掘领域内里程碑式的算法。不同于 C4.5 算法，CART 本质是对特征空间进行二元划分，即 CART 生成的决策树是一棵二叉树，并能够对标量属性与连续属性进行分裂。

4.1.2　决策树算法构造基本流程

决策树算法构造基本流程主要有三个步骤：特征选择、决策树生成、剪枝。特征选择就是在决策树各个节点分裂时采用的规则，通过信息增益、增益率或基尼指数度量特征选择，直至分裂后的节点只包含单一特征。这使得该决策树可能会出现过拟合现象。剪枝就是为了避免出现该现象。

决策树的构造过程如下。

Step1：读取数据集 $X(x_1, n_1), (x_2, n_2), \cdots$；属性集 $Y(Y_1, Y_2, Y_3, \cdots)$。

Step2：如果集合 X 内所有样本全部属于 Y_m，则记 Y_m 为叶节点。

Step3：如果集合 X 内样本不全部属于 Y_m，则从属性集 Y 中选择最优划分属性；生成新的内部节点继续进行属性测试，递归地调用该算法。

Step4：生成决策树。

Step5：对生成的决策树进行剪枝。

上述流程中提到的选择最优划分属性，主要有三种方法，分别是信息增益、增益率及基尼指数。由于在构造算法过程中所采用的划分标准不同，可将决策树简单分为 ID3 算法、C4.5 算法、CART 三种，ID3 算法采用信息增益划分内部节点，C4.5 算法采用增益率划分节点，而 CART 则基于基尼指数划分节点。无论采用哪个指标，目的都是得出较扁平的决策树，避免决策树出现过拟合现象。

Step5 中的剪枝是针对决策树出现过拟合的现象而提出的优化方案。具体方法就是通过某种方法删减掉意义不大的分类节点，以此来控制决策树的高度，从而提高决策树的泛化性能。根据采用的方法不同，剪枝可分为预剪枝和后剪枝。预剪枝就是在决策树的生成过程中，先计算对当前节点划分能否提高决策树的泛化性能。若不能提高决策树泛化性能，则把当前的节点标记为叶节点。后剪枝则是在决策树生成之后通过剪枝来提升决策树的泛化性能。预剪枝的修剪方法有以下三种。

（1）控制决策树的层数：当决策树的深度大于指定阈值时，停止决策树的划分。

（2）控制节点的样本数量：当节点所包含的样本数量低于指定阈值时，停止决策树的划分。

（3）控制整个树的信息增益值：通过计算每次分支前后决策树性能的增益，并比较增益值与该阈值大小来决定是否停止决策树的生长。当节点的熵小于指定阈值时，停止决策树的划分。

在决策树的生成过程中，有些节点分类意义并不大，针对决策树过拟合现象，合理运用剪枝可以提高决策树的泛化性能。

4.1.3　决策树的特点

决策树最早于 20 世纪 70 年代被提出，是一种典型的分类算法。与其他挖掘算法相比决策树有如下优势：①与神经网络等黑箱模型不同，决策树兼具一定的可解释性；②当样本数据的规模较大时，决策树的处理效率依然较高，能够在短时间内得出结果；③当样本数据存在噪声时，经过剪枝优化，决策树依然具有较好的泛化能力。

但当决策树所处理的数据为连续型数据时，连续型数据需要经过离散化处理，这样就降低了分类的准确性。当样本数据的特征过多时，根据决策树的特性，分类错误的可能性会随着决策树的深度加大而增大，容易出现过拟合问题。此外决策树对关联性特征较强的数据表现较差。

4.2　ID3　算　法

4.2.1　ID3 算法原理

ID3 算法作为采用信息增益作为选择内部节点的划分标准的代表算法，是罗斯·昆兰于 1975 年提出的，主要适用于对离散型数据进行分类处理。

ID3 算法的核心思想就是通过计算所有节点的信息增益，选取信息增益最大的节点作为根节点，以此来提高决策树分类的准确率。再从剩下节点中选出信息熵下降最快的节点作为分支节点，控制决策树的高度，避免出现过拟合现象。但如果决策树过低可能会导致分类准确率不高，所以平衡好决策树的高度对提升决策树的泛化性能起到关键作用。

ID3 算法构造决策树基本步骤如下。

Step 1：计算数据集中所有特征的信息增益。

Step 2：选取信息增益最大的特征作为根节点。

Step 3：在剩余特征中递归运用 Step 2，选取内部节点。

ID3 算法采用信息增益来作为特征选择的标准，这里运用表 4-1 的打球数据集来手动生成决策树。已知：

$$IG(X,天气)=0.246;\quad IG(X,湿度)=0.151$$
$$IG(X,风)=0.048;\quad\quad IG(X,温度)=0.029$$

经第一次迭代后，得出在"天气""湿度""风""温度"这4个属性中，属性"天气"的信息增益最高，为0.246，所以选择"天气"作为根节点。从打球数据集中可知属性"天气"的取值范围为｛晴，多云，有雨｝，数据集 $X = [1, 2, 3, 4, 5, 6, 7, 8, 9, 10, 11, 12, 13, 14]$被划分为 $X_1 = [1, 2, 8, 9, 11]$，$X_2 = [4, 5, 6, 10, 14]$和 $X_3 = [3, 7, 12, 13]$三个新的数据子集。因为在子集 X_3 中所包含的样本全属于同一类别，所以我们把"天气"＝"多云"得到的节点定义为叶节点。而子集 X_1 和 X_2 中所包含的样本不全属于同一类别，将这两个节点定义为内部节点，并进行二次迭代以确定当前节点的属性。

X_1 代表晴天。在子集 $X_1 = [1, 2, 8, 9, 11]$中，打球的概率 $p_{打球} = 2/5$，不打球的概率 $p_{不打球} = 3/5$，可计算出此时 X_1 的信息熵为0.971，再由信息增益公式，得出在子集 X_1 中属性"温度"、"湿度"和"风"的信息增益：

$$IG(X_1, 湿度) = 0.970; \quad IG(X_1, 温度) = 0.570; \quad IG(X_1, 风) = 0.019$$

可见属性"湿度"信息增益最大，所以在子集 X_1 中选取"湿度"作为该节点的划分属性。属性"湿度"的取值范围｛高，适中｝，子集 X_1 划分为两个新的数据集 $X_4 = [9, 11]$，$X_5 = [1, 2, 8]$。数据集 X_4, X_5 中所包含的样本属于同一类别，所以把"湿度"＝"适中"和"湿度"＝"高"得到的两个节点定义为叶节点。

相同的，得出在子集 X_2 中属性"温度"、"湿度"和"风"的信息增益：

$$IG(X_2, 湿度) = 0.002$$

$$IG(X_2, 风) = 0.971$$

$$IG(X_2, 温度) = 0.002$$

所以在子集 X_2 中选取"风"作为该节点的划分属性。属性"风"的取值范围｛有，无｝，子集 X_2 划分为两个新的数据集 $X_6 = [6, 14]$，$X_7 = [4, 5, 10]$。数据集 X_6, X_7 中所包含的样本全属于同一类别，所以把"风"＝"有"和"风"＝"无"得到的两个节点定义为叶节点。生成的决策树如图4-2所示。

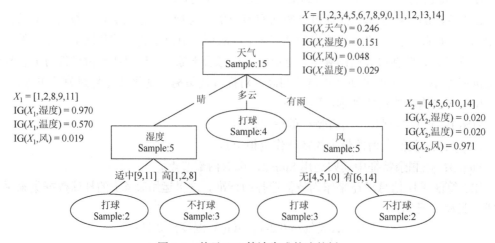

图4-2　基于ID3算法生成的决策树

4.2.2 ID3 算法代码实现

本小节利用 4.1.1 节中表 4-1 的打球数据集建立基于信息增益的决策树。

ID3 算法关键程序

```python
import math
import operator
import matplotlib as mpl
import matplotlib.pyplot as plt
from pylab import*
mpl.rcParams['font.sans-serif']=["SimHei"]
mpl.rcParams['axes.unicode_minus']=True
def createDataSet():
    dataSet=["打球数据集"]
    labels=['天气','湿度','风','温度']#两个特征
    return dataset,labels
#选择最好的特征划分数据集
def chooseBestFeatToSplit(dataset):
    featNum=len(dataSet[0])- 1
    maxInfoGain=0
    bestFeat=-1
    #计算样本熵值,对应公式中:H(X)
    baseShanno=calcShannonEnt(dataset)
    #以每一个特征进行分类,找出使信息增益最大的特征
    for i in range(featNum):
        featList=[dataVec[i] for dataVec in dataSet]
        featList=set(featList)
        newShanno=0
        #计算以第i个特征进行分类后的熵值,对应公式中:H(X|Y)
        for featValue in featList:
            subDataSet=splitDataSet(dataset,I,featValue)
            prob=len(subDataSet)/float(len(dataset))
            newShanno+=prob*calcShannonEnt(subDataSet)
        #找出最大的熵值及其对应的特征
        if infoGain>maxInfoGain:
            maxInfoGain=infoGain
            bestFeat=i
```

```
return bestFeat
#创建决策树
myTree=createDecideTree(dataset,dataLabels)
print("决策树模型:")
print(myTree)
createPlot(myTree)
```

运行代码输出结果如下:

决策树模型:

{'天气': {'有雨': {'风': {'有': '否', '无': '是'}}, '晴': {'湿度': {'适中': '是', '高': '否'}}, '多云': '是'}}

可以看出图 4-3 ID3 算法生成的决策树与图 4-2 结果相同。

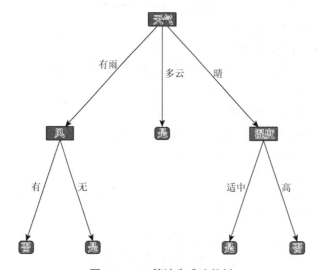

图 4-3　ID3 算法生成决策树

从 4.1.1 节计算出的各属性的信息增益的值可以看出,属性为"编号"的信息增益与其他属性,其信息增益值明显大于其他属性信息增益均值。从理论上来讲,此时应选择"编号"这一属性作为划分标准。这样不仅决策树的高度达到最低,而且叶节点的纯度也达到最高。但可以看出,每个叶节点都只有一个样本,它并不具有泛化能力。由此看来信息增益对可选值范围较大的属性具有偏好性,为降低这种偏好性,罗斯·昆兰提出运用增益率作为内部节点选择的标准。

4.3　C4.5　算　法

4.3.1　C4.5 算法原理

C4.5 算法以增益率作为最优划分属性。它既可用来做分类任务又可以用于做回归任务。它可以有效控制对属性取值范围较大的偏好性，但同时对属性取值范围较小的属性具有一定的偏好性。

C4.5 算法基本步骤如下。

Step 1：计算数据集中所有属性的信息增益率。

Step 2：选取信息增益率最大的属性作为根节点。

Step 3：在剩余属性中递归运用 Step 2，直至子节点中拥有的样本类别为"纯"。

C4.5 算法采用信息增益率作为特征选择的标准，这里仍用 4.1.1 节中表 4-1 的打球数据集来计算。已知各属性的信息增益，可得出其内在信息（IV）值：

$$\text{IV}_{(天气)}=1.577;\quad \text{IV}_{(温度)}=1.557;\quad \text{IV}_{(湿度)}=1.0;\quad \text{IV}_{(风)}=0.985$$

得到每个属性的信息增益率：

$$\text{IGR}_{(天气)}=\frac{\text{IG}_{天气}}{\text{IV}_{天气}}=\frac{0.246}{1.577}=0.156$$

$$\text{IGR}_{(温度)}=\frac{\text{IG}_{温度}}{\text{IV}_{温度}}=\frac{0.029}{1.557}=0.019$$

$$\text{IGR}_{(湿度)}=\frac{\text{IG}_{湿度}}{\text{IV}_{湿度}}=\frac{0.151}{1.0}=0.151$$

$$\text{IGR}_{(风)}=\frac{\text{IG}_{风}}{\text{IV}_{风}}=\frac{0.048}{0.985}=0.049$$

$$\text{IGR}_{(编号)}=\frac{\text{IG}_{编号}}{\text{IV}_{编号}}=\frac{0.940}{53.303}=0.018$$

天气的信息增益率最高，选择属性天气作为根节点。最终生成的决策树与图 4-2 相同。

C4.5 算法相较于 ID3 算法，可以处理连续型数据。具体方法是对数据集中的连续型数据进行离散化处理。离散化处理就是将需要处理的连续型数据按照升序或降序的方式排列后，根据样本的特征设置阈值点或分割点将其划分为属性值的离散段，然后用信息增益率选择最佳划分属性。

假设对某一家庭人口按青年、中年和老年人进行分类，我们可以先统计每位家庭人员的年龄，然后分别选择 45 岁与 59 岁为分割点，年龄小于等于 45 岁为青年，46~59 岁为中年，大于等于 60 岁为老年，然后计算信息增益率。这就是对连续型数据的离散化处理。

在 4.1.1 节对决策树相关概念进行介绍时，为方便理解，以及针对 ID3 算法的特点，将属性"温度"和"湿度"的取值改为离散型数据，但在现实生活中，它们的取值范围一般为连续型数据。C4.5 算法通过对连续型数据进行离散化处理来实现对连续型数据的处理。

4.3.2　C4.5 算法代码实现

C4.5 算法相较于 ID3 算法可以对缺失值和连续型数据进行处理。本小节利用表 4-3 打球数据集 2.0 建立基于信息增益率的决策树。数据集如表 4-3 所示：

表 4-3 打球数据集 2.0

天气 （weather）	温度 （temp）/°F	湿度 （humidity）/%	风 （windy）	打球或不打球
晴	75	70	有	打球
晴	80	90	有	不打球
晴	85	85	无	不打球
晴	72	95	无	不打球
晴	69	70	无	打球
—	72	90	有	打球
多元	83	78	无	打球
多元	64	65	有	打球
多元	81	75	无	打球
雨	71	80	有	不打球
雨	65	70	有	不打球
雨	75	80	无	打球
雨	68	80	无	打球
雨	70	96	无	打球

注：1°F = -17.2222222℃；"—"表示缺失值

运用表 4-3 打球数据集 2.0 训练好分类算法模型后，预测某人在天气晴朗、湿度为 60%
的情况下是否会打球。

表 4-3 打球数据中，既包含离散型数据，又包含连续型数据。在 ID3 算法的基础上。
我们做如下改变，以便可以处理连续值。

新的划分数据集的方法：

划分数据集，axis：按第几个特征划分，value：划分特征的值，LorR：value 值左
侧（小于）或右侧（大于）的数据集

```
def splitDataSet_c(dataSet,axis,value,LorR='L'):
    retDataSet=[]
    featVec=[]
    if LorR=='L':
        for featVec in dataSet:
            if float(featVec[axis])＜value:
                retDataSet.append(featVec)
    else:
        for featVec in dataSet:
            if float(featVec[axis])＞value:
                retDataSet.append(featVec)
    return retDataSet
```

接着修改原来的最优划分属性选择方法，并在其中增加连续属性的分支。

```
# 选择最好的数据集划分方式
def chooseBestFeatureToSplit_c(dataSet,labelProperty):
    numFeatures=len(labelProperty)         # 特征数
    baseEntropy=calcShannonEnt(dataSet)  # 计算根节点的信息熵
    bestInfoGain=0.0
    bestFeature=-1
    bestPartValue=None                     # 连续的特征值,最佳划分值
    for i in range(numFeatures):           # 对每个特征循环
        featList=[example[i] for example in dataSet]
        uniqueVals=set(featList)           # 该特征包含的所有值
        newEntropy=0.0
        bestPartValuei=None
        if labelProperty[i]==0:            # 对离散的特征
            for value in uniqueVals:  # 对每个特征值,划分数据集,
                                             计算各子集的信息熵
                subDataSet=splitDataSet(dataSet,i,value)
                prob=len(subDataSet)/float(len(dataSet))
                newEntropy+=prob*calcShannonEnt(subDataSet)
        else:                                    # 对连续的特征
            sortedUniqueVals=list(uniqueVals)# 对特征值排序
            sortedUniqueVals.sort()
            listPartition=[]
            minEntropy=inf
            for j in range(len(sortedUniqueVals)-1):
                                                    # 计算划分点
                partValue=(float(sortedUniqueVals[j])+float(
                    sortedUniqueVals[j+1]))/2
                # 对每个划分点,计算信息熵
                dataSetLeft=splitDataSet_c(dataSet,i,
                        partValue,'L')
                dataSetRight=splitDataSet_c(dataSet,i,
                        partValue,'R')
                probLeft=len(dataSetLeft)/
                        float(len(dataSet))
                probRight=len(dataSetRight)/
                        float(len(dataSet))
                Entropy=probLeft*calcShannonEnt(
                    dataSetLeft)+probRight*
```

```
                        calcShannonEnt(dataSetRight)
            if Entropy<minEntropy:              # 取最小的信息熵
                    minEntropy=Entropy
                    bestPartValuei=partValue
            newEntropy=minEntropy
        infoGain=baseEntropy - newEntropy            # 计算信息增益
        if infoGain>bestInfoGain:
                bestInfoGain=infoGain
                bestFeature=i
                bestPartValue=bestPartValuei
return bestFeature,bestPartValue
```

主要 python 代码如下:

```
def calcGainRatio(dataSet,labelIndex,labelPropertyi):
type:(list,int,int)->float,int
```

计算信息增益率，返回信息增益率和连续属性的划分点

dataSet:数据集

labelIndex:特征值索引

labelPropertyi:特征值类型,0 为离散,1 为连续

```
baseEntropy=calcShannonEnt(dataSet,labelIndex)# 计算根节点的信息熵
featList=[example[labelIndex] for example in dataSet]
uniqueVals=set(featList)
newEntropy=0.0
bestPartValuei=None
IV=0.0
totalWeight=0.0
totalWeightV=0.0
totalWeight=calcTotalWeight(dataSet,labelIndex,True)
totalWeightV=calcTotalWeight(dataSet,labelIndex,False)
if labelPropertyi==0:
    for value in uniqueVals:
        subDataSet=splitDataSet(dataSet,labelIndex,value)
        totalWeightSub=0.0
        totalWeightSub=calcTotalWeight(subDataSet,
                labelIndex,True)
        if value! ='N':
            prob=totalWeightSub/totalWeightV
            newEntropy+=prob * calcShannonEnt(subDataSet,
                labelIndex)
```

```
        prob1=totalWeightSub/totalWeight
        IV -=prob1 * log(prob1,2)
else:  # 对连续的特征
     uniqueValsList=list(uniqueVals)
     if 'N' in uniqueValsList:
          uniqueValsList.remove('N')
          # 计算空值样本的总权重,用于计算 IV
          totalWeightN=0.0
          dataSetNull=splitDataSet(dataSet,labelIndex,'N')
          totalWeightN=calcTotalWeight(dataSetNull,
                    labelIndex,True)
          probNull=totalWeightN/totalWeight
          if probNull>0.0:
               IV+=-1 * probNull * log(probNull,2)
     sortedUniqueVals=sorted(uniqueValsList)
     listPartition=[]
     minEntropy=inf
     if len(sortedUniqueVals)==1:
          totalWeightLeft=calcTotalWeight(dataSet,
                    labelIndex,True)
          probLeft=totalWeightLeft/totalWeightV
          minEntropy=probLeft * calcShannonEnt
               (dataSet,labelIndex)
          IV=-1 * probLeft * log(probLeft,2)
     else:
          for j in range(len(sortedUniqueVals)- 1):
                                        # 计算划分点
               partValue=(float(sortedUniqueVals[j])+
                    float(sortedUniqueVals[j+1]))/2
               # 对每个划分点,计算信息熵
               dataSetLeft=splitDataSet(dataSet,
                    labelIndex,partValue,'L')
               dataSetRight=splitDataSet(dataSet,
                    labelIndex,partValue,'R')
               totalWeightLeft=0.0
               totalWeightLeft=calcTotalWeight
                    (dataSetLeft,labelIndex,True)
               totalWeightRight=0.0
```

```
totalWeightRight=calcTotalWeight
            (dataSetRight,labelIndex,True)
probLeft=totalWeightLeft/totalWeightV
probRight=totalWeightRight/totalWeightV
Entropy=probLeft * calcShannonEnt(
    dataSetLeft,labelIndex)+probRight*
 calcShannonEnt(dataSetRight, labelIndex)
if Entropy<minEntropy:# 取最小的信息熵
        minEntropy=Entropy
        bestPartValuei=partValue
        probLeft1=totalWeightLeft/totalWeight
        probRight1=totalWeightRight/
                totalWeight
        IV=-1 *(probLeft * log(probLeft,2)+
            probRight * log(probRight,2))
    newEntropy=minEntropy
gain=totalWeightV/totalWeight *(baseEntropy - newEntropy)
if IV==0.0:
IV=0.0000000001
gainRatio=gain/IV
return gainRatio,bestPartValuei
```

运行代码后我们得到结果{打球：2.4，不打球：1.0}，可理解为这个节点的样本里，有 2.4 个选择打球，有 1 个选择不打球。所以预测某人在天气晴朗、湿度为 60%的情况会去打球。得到的决策树如图 4-4 所示。

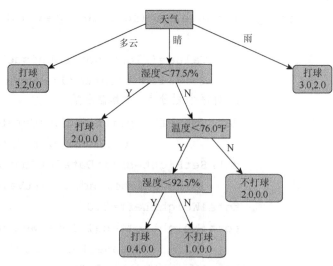

图 4-4　C4.5 算法代码运行结果

4.4 随 机 森 林

4.4.1 基本原理

随机森林（Random Forest，RF）是单棵决策树的扩展，也是集成学习的重要应用。就如同人们在决策时会参考多方建议，集成学习的思想是集成多个单模型的预测结果，作为最后的输出。随机森林是由 n 棵决策树组成的分类器，由利奥·布赖曼和阿黛尔·卡特勒于 1995 首次提出。相较于单个的决策树，随机森林的泛化性能更高。随机森林的输出结果采用投票法。当预测某个数据的类别时，随机森林中的每棵决策树都拥有投票权，但最终的结果遵循少数服从多数的原则。

由图 4-5 可以看出，随机森林由多个单棵决策树构成，可以简单地看成集合取并集。即 $RF=T_1 \cup T_2 \cup T_3 \cup \cdots \cup T_n$。所以，单棵决策树分类结果的好坏会直接影响到最终生成的随机森林泛化能力的强弱。构建随机森林的目的就是为了实现一加一大于二的效果。假设当 $T_1=T_2=\cdots=T_n$，这时随机森林 $RF=T_1=T_2=\cdots=T_n$，随机森林的泛化性能并不会提升。可见影响随机森林泛化能力的强弱主要取决于两个因素：一个是单棵的决策树泛化能力；另一个则是决策树之间的相关性。当单棵决策树泛化能力越高且决策树之间的相关性越弱，那么随机森林的泛化性能就越好。

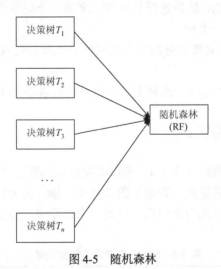

图 4-5 随机森林

为了避免决策树之间的强相关性对最终生成的分类器产生影响，使分类器具有较强的泛化能力，随机森林在构造决策树时遵循两个原则：一个是训练样本的随机抽取（有放回）；另一个是特征选择的随机抽取。这样每个训练样本不同，生成的决策树也不同，从而保证最终生成的随机森林具有较强的泛化能力。

4.4.2 随机森林构造步骤

随机森林的构造步骤如图 4-6 所示。

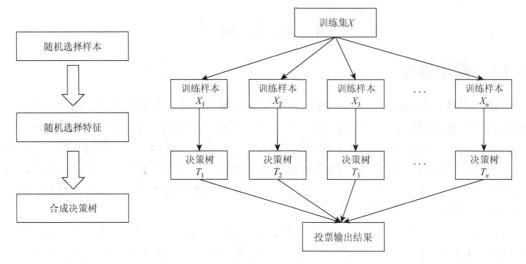

图 4-6　随机森林的构造步骤

Step 1：训练集 X 中有 n 个样本，随机抽出 m 个样本（$m<n$），生成 n 个训练样本子集。

Step 2：生成的训练样本 X_n 中包含 y 个属性，从 y 个属性中随机选出 x 个属性（$x<y$），作为该训练样本的候选属性，然后选择某种方法来确定分裂节点的属性。不断迭代，直至节点所包含的样本属于同一类别。

Step 3：选择某种方法来确定分裂节点的属性。不断迭代直至节点所包含的样本属于同一类别。

Step 4：重复 Step 2～Step 3，得到大量的决策树构成随机森林。

4.4.3　随机森林代码实现

本小节使用 Sonar 数据集（表 4-4）来讲解随机森林算法的实现过程。这是一个描述声呐声音从不同曲面反弹后返回（数据）的数据集。输入的 60 个变量是声呐从不同角度返回的力度值。这是一个二元分类问题，需要一个模型来区分金属圆柱中的岩石。

表 4-4　Sonar 数据集（部分数据）

0.0200	0.0371	0.0428	0.0207	0.0954	0.0986	0.1539
0.0453	0.0523	0.0843	0.0689	0.1183	0.2583	0.2156
0.0262	0.0582	0.1099	0.1083	0.0974	0.2280	0.2431
0.0100	0.0171	0.0623	0.0205	0.0205	0.0368	0.1098
0.0762	0.0666	0.0481	0.0394	0.0590	0.0649	0.1209
0.0286	0.0453	0.0277	0.0174	0.0384	0.0990	0.1201
0.0317	0.0956	0.1321	0.1408	0.1674	0.1710	0.0731
0.0519	0.0548	0.0842	0.0319	0.1158	0.0922	0.1027

续表

0.0200	0.0371	0.0428	0.0207	0.0954	0.0986	0.1539
0.0223	0.0375	0.0484	0.0475	0.0647	0.0591	0.0753
0.0164	0.0173	0.0347	0.0070	0.0187	0.0671	0.1056
0.0039	0.0063	0.0152	0.0336	0.0310	0.0284	0.0396
0.0123	0.0309	0.0169	0.0313	0.0358	0.0102	0.0182
0.0079	0.0086	0.0055	0.0250	0.0344	0.0546	0.0528
0.0090	0.0062	0.0253	0.0489	0.1197	0.1589	0.1392
0.0124	0.0433	0.0604	0.0449	0.0597	0.0355	0.0531

主要 python 代码如下：

```python
def load_csv(filename):# 导入 csv 文件
    dataset=list()
    with open('数据集.csv','r')as file:
        csv_reader=reader(file)
        for row in csv_reader:
            if not row:
                continue
            dataset.append(row)
    return dataset
# Convert string column to float
def str_column_to_float(dataset,column):# 将数据集的第 column 列
                                        # 转换成 float 形式
    for row in dataset:
        row[column]=float(row[column].strip())
# Convert string column to integer
def str_column_to_int(dataset,column):# 将最后一列表示标签的值转换为
                                      # Int 类型 0,1,...
    class_values=[row[column] for row in dataset]
    unique=set(class_values)
    lookup=dict()
    for i,value in enumerate(unique):
        lookup[value]=i
    for row in dataset:
        row[column]=lookup[row[column]]
    return lookup
# Split a dataset into k folds
```

```
def cross_validation_split(dataset,n_folds):
    dataset_split=list()
    dataset_copy=list(dataset)
    fold_size=int(len(dataset)/n_folds)
    for i in range(n_folds):
        fold=list()
        while len(fold)<fold_size:
            index=randrange(len(dataset_copy))
            fold.append(dataset_copy.pop(index))
        dataset_split.append(fold)
    return dataset_split
# Calculate accuracy percentage
def accuracy_metric(actual,predicted):# 导入实际值和预测值,计算精确度
    correct=0
    for i in range(len(actual)):
        if actual[i]==predicted[i]:
            correct+=1
    return correct/float(len(actual))* 100.0
#根据特征和特征值分割数据集
def d_split(index,value,dataset):
    left,right=list(),list()
    for row in dataset:
        if row[index]<value:
            left.append(row)
        else:
            right.append(row)
    return left,right
def gini_index(groups,class_values):
    gini=0.0
    for class_value in class_values:# class_values=[0,1]
        for group in groups:# groups=(left,right)
            size=len(group)
            if size==0:
                continue
            proportion=[row[-1] for row in group].count
                        (class_value)/ float(size)
            gini+=(proportion *(1.0 - proportion))
    return gini
```

```python
def get_split(dataset,n_features):
    class_values=list(set(row[-1] for row in dataset))# class_
                  values=[0,1]
    b_index,b_value,b_score,b_groups=999,999,999,None
    features=list()
    while len(features)<n_features:
        index=randrange(len(dataset[0])- 1)
        if index not in features:
            features.append(index)
    for index in features:
            for row in dataset:
            groups=d_split(index,row[index],dataset)
            gini=gini_index(groups,class_values)
            if gini<b_score:
                    b_index,b_value,b_score,b_groups=index,row
                    [index],gini,groups
    # print b_score
    return {'index':b_index,'value':b_value,'groups':b_groups}
    #输出group中出现次数较多的标签
def to_terminal(group):
    outcomes=[row[-1] for row in group]
    return max(set(outcomes),key=outcomes.count)
#创建子分割器,递归分类,直到分类结束
def split(node,max_depth,min_size,n_features,depth):
# max_depth=10,min_size=1,n_features=int(sqrt(len(dataset[0])-1))
    left,right=node['groups']
    del(node['groups'])
    # check for a no split
    if not left or not right:
        node['left']=node['right']=to_terminal(left+right)
        return
    # check for max depth
    if depth>=max_depth:
            node['left'],node['right']=to_terminal(left),
            to_terminal(right)
        return
    # process left child
    if len(left)<=min_size:
```

```
            node['left']=to_terminal(left)
    else:
            node['left']=get_split(left,n_features)
            split(node['left'],max_depth,min_size,n_features,
            depth+1)# 递归,depth+1 计算递归层数
    # process right child
    if len(right)<=min_size:
             node['right']=to_terminal(right)
    else:
             node['right']=get_split(right,n_features)
             split(node['right'],max_depth,min_size,n_features,depth+1)
    # Build a decision tree
    def build_tree(train,max_depth,min_size,n_features):
            # root=get_split(dataset,n_features)
            root=get_split(train,n_features)
            split(root,max_depth,min_size,n_features,1)
            return root
    def predict(node,row):# 预测模型分类结果
            if row[node['index']]<node['value']:
                    if is instance(node['left'],dict):
                            return predict(node['left'],row)
                    else:
                            return node['left']
            else:
                    if is instance(node['right'],dict):
                            return predict(node['right'],row)
                    else:
                            return node['right']
def bagging_predict(trees,row):
    predictions=[predict(tree,row)for tree in trees]
            return max(set(predictions),key=predictions.count)
# Create a random subsample from the dataset with replacement
def subsample(dataset,ratio):# 创建数据集的随机子样本
    sample=list()
    n_sample=round(len(dataset)* ratio)# round()方法返回浮点数 x 的四
舍五入值。
    while len(sample)<n_sample:
        index=randrange(len(dataset))
```

```
            sample.append(dataset[index])
        return sample
# Random Forest Algorithm
def random_forest(train,test,max_depth,min_size,sample_size,n_trees,
n_features):
    trees=list()
    for i in range(n_trees):
                    sample=subsample(train,sample_size)
            tree=build_tree(sample,max_depth,min_size,n_features)
            trees.append(tree)
    predictions=[bagging_predict(trees,row)for row in test]
    return(predictions)
# 评估算法性能,返回模型得分
def evaluate_algorithm(dataset,algorithm,n_folds,*args):
    folds=cross_validation_split(dataset,n_folds)
    scores=list()
    for fold in folds:
        train_set=list(folds)
        train_set.remove(fold)
        train_set=sum(train_set,[])
        test_set=list()
        for row in fold:
            row_copy=list(row)
            test_set.append(row_copy)
            row_copy[-1]=None
        predicted=algorithm(train_set,test_set,*args)
        actual=[row[-1] for row in fold]
        accuracy=accuracy_metric(actual,predicted)
        scores.append(accuracy)
    return scores
# Test the random forest algorithm
seed(1)
# load and prepare data
filename='sonar-all-data.csv'
dataset=load_csv(filename)
# convert string attributes to integers
for i in range(0,len(dataset[0])- 1):
    str_column_to_float(dataset,i)
```

```
# convert class column to integers
# str_column_to_int(dataset,len(dataset[0])-1)
# evaluate algorithm
n_folds=5
# max_depth=10
max_depth=20
min_size=1
sample_size=1.0
# n_features=int(sqrt(len(dataset[0])-1))
n_features=15
for n_trees in [1,10,20]:
    scores=evaluate_algorithm(dataset,random_forest,n_folds,max_depth,min_size,sample_size,n_trees,n_features)
    print('Trees:%d'%n_trees)
    print('Scores:%s'%scores)
    print('Mean Accuracy:%.3f%%'%(sum(scores)/float(len(scores))))
```

运行代码结果：

```
D:\ProgramData\Anaconda3\Scripts\Scripts\python.exe "D:/Desktop/RF CODE.py"
Trees:1
Scores:[63.41463414634146,65.85365853658537,68.29268292682927,
53.65853658536586,65.85365853658537]
Mean Accuracy:63.415%
```

习　　题

1. 决策树中不包含以下哪种节点？（　　）。
   A. 根节点（root node）　　　　　　B. 内部节点（internal node）
   C. 外部节点（external node）　　　D. 叶节点（leaf node）
2. 熵是为消除不确定性所需要获得的信息量，投掷均匀正六面体骰子的熵是：（　　）。
   A. 1 bit　　　　B. 2.6 bit　　　　C. 3.2 bit　　　　D. 3.8 bit
3. 以下哪项关于决策树的说法错误的是（　　）。
   A. 冗余属性不会对决策树的准确率造成不利的影响
   B. 子树可能在决策树中重复多次
   C. 决策树算法对于噪声的干扰非常敏感
   D. 寻找最佳决策树是 NP 完全问题
4. 决策树的特征选择主要有哪几个？

5. 简述什么是决策树？如何用决策树进行分类？

6. 简要说明随机森林的特性。

实 践 练 习

将 4.1.1 节中表 4-1 打球数据集划分为训练基础验证集。编号 1～10 为训练集，编号 11～14 为训练集以信息增益作为最优划分属性。预测编号 11～14 的结果。

第 5 章 ‖▮▪

贝叶斯分类

贝叶斯分类是一种基于概率知识进行分类的算法，其广泛应用于科学研究的各个领域，例如统计分析、参数估计、模式识别、人工智能、心理学及遗传学，是学习数据挖掘与预测分析中不可缺少的一类算法，本章将通过具体知识的学习，掌握贝叶斯分类的有关内容，辅助我们更好地进行分类决策。

5.1 贝叶斯定理

贝叶斯定理是贝叶斯分类的基础，它是一种结合类的先验知识与数据中新证据的一种统计原理，由英国数学家托马斯·贝叶斯于 1763 年发表的著作中首次提出。

在日常生活中，我们会遇到各种各样的能够使用贝叶斯定理的场景，例如你在早上出门的时候看到一片乌云，根据以往的天气统计：50%的雨天早上天气是多云；一年大约 40%的天数早上是多云；当前季节中一个月会有三天下雨，那么你今天的出行需要带雨伞吗？

为了解决这个问题，我们首先简单了解概率中的一些基本定义。假设 X 和 Y 是一对随机变量，对于这一对变量，它们的联合概率可记为 $P(X=x,Y=y)$，表示在 X 取值为 x 且 Y 取值为 y 的概率，而条件概率则表示为一随机变量在另一随机变量取得某已知的值的情况下取得某一特定值的概率。例如，条件概率 $P(X=x|Y=y)$，P 表示在已知 Y 取 y 的情况下，变量 X 取 x 的概率。其中条件概率和联合概率有以下的关系：

$$P(X,Y) = P(Y|X) \times P(X) = P(X|Y)P(Y) \tag{5-1}$$

调整后两个表达式可得到贝叶斯公式：

$$P(Y|X) = \frac{P(X|Y)P(Y)}{P(X)} \tag{5-2}$$

已知条件为：$P(云|雨)=50\%$，$P(云)=40\%$，$P(雨)=10\%$。根据贝叶斯公式我们可以得到以下表达式：

$$P(雨|云) = P(雨) \times P(云|雨)/P(云) = 0.5 \times 0.1/0.4 = 0.125$$

即当早上出现乌云的情况下，只有 12.5%的可能性会下雨，你可以不用带伞。

通过上述的例子我们可以较好地理解贝叶斯定理在概率方面的应用，在理解并掌握贝叶斯定理的基础上，进一步学习贝叶斯分类的各种分类器，即朴素贝叶斯分类器、半朴素贝叶斯分类器和贝叶斯网络。

5.2　朴素贝叶斯分类器

朴素贝叶斯分类器是贝叶斯分类器中的一种简单有效而且在实际运用中很成功的分类器。在分析大型数据集时，朴素贝叶斯分类器因其准确性和快速性的特点被广泛应用。

5.2.1　朴素贝叶斯分类器工作原理

不难发现，基于贝叶斯公式来估计后验概率 $P(Y|X)$ 的困难在于类条件概率 $P(X|Y)$ 是所有属性上的联合概率，而在样本非常庞大的时候，类条件概率 $P(X|Y)$ 很难从训练样本中直接估计获得。为了消除这个障碍，朴素贝叶斯分类器在估计类条件概率时，假设属性之间的条件独立，属性之间条件独立可表示为

$$P(X|Y=y) = \prod_{i=1}^{n} P(X_i|Y=y) \tag{5-3}$$

其中每个属性集 $X = \{X_1, X_2, \cdots, X_n\}$ 包含 n 个属性，即每个属性独立地对分类结果产生影响。

假设数据集 D，其中 $X_1, X_2, \cdots, X_n$ 是数据集的 n 个属性，而对于某一特定的样本的属性值可表示为（$x_1, x_2, \cdots, x_n$），其中 x_i 表示 X_i 的取值。

假定有 m 个类 $Y_1, Y_2, \cdots, Y_m$。给定样本 X 并预测 X 的类别，对于朴素贝叶斯，当且仅当

$$P(Y_i|X) > P(Y_j|X), \quad 1 \leqslant j \leqslant m, \ j \neq 1 \tag{5-4}$$

时，才可以判断 X 属于 Y_i。

若要获得最大的 $P(Y_i|X)$，根据公式（5-4），由于 $P(X)$ 对于所有的类别来说均为常数，只需要使 $P(X|Y_i)P(Y_i)$ 的值最大即可，在朴素贝叶斯分类器中，训练过程就是基于训练集 D 来估计类的先验概率 $P(Y)$，并为每个属性估计类条件概率 $P(X_i|Y)$。

若 $Y_{i,D}$ 表示训练集 D 中属于类 Y_i 的样本数，D 表示训练集的总样本数，则可以较为简单地估计出类的先验概率：

$$P(Y_i) = \frac{|Y_{i,D}|}{|D|} \tag{5-5}$$

如果直接计算 $P(X|Y_i)$ 的值可能会遇到各种各样的问题，计算过程会比较复杂且不易得出想要的结果。为了简化计算，根据贝叶斯定理，假定各属性之间相互独立，即各属性之间不存在依赖关系，那么

$$P(X|Y_i) = \prod_{k=1}^{n} P(x_k|Y_i) = P(x_1|Y_i) \times P(x_2|Y_i), \cdots, P(x_n|Y_i) \tag{5-6}$$

其中 $P(x_1|Y_i), P(x_2|Y_i), \cdots, P(x_n|Y_i)$ 这些概率由训练样本进行估计获得。在处理问题的过程中，属性类型并不是确定的，有可能是离散的，也有可能是连续的，对于不同的属性类型，要采用不同的计算方法。

（1）如果属性值是离散的，那么 $P(x_k | Y_i)$ 的值为数据集 D 中该属性的值为 x_k 的 Y_i 类样本数除以数据集 D 中 Y_i 类样本数。

（2）如果属性值是连续的，在一般情况下，我们认为该属性服从均值为 μ，方差为 σ 的正态分布，其中 μ_{Y_i}, σ_{Y_i} 分别为该属性的均值和标准差，则有

$$P(x_k | Y_i) = \frac{1}{\sqrt{2\pi}\sigma_{Y_i}} e^{-\frac{(x_i - \mu_{Y_i})^2}{2\sigma_{Y_i}^2}} \tag{5-7}$$

朴素贝叶斯分类器在现实任务中的表现如何？有哪些优缺点？

朴素贝叶斯分类器在日常的数据分析与数据挖掘过程中易于实现，在一些常见的分类问题中，朴素贝叶斯分类器能够比决策树、神经网络等分类器表现得更加出色，但朴素贝叶斯分类器的不足之处也较为明显，主要表现在其假设各属性相互独立，这不仅损失了分类器的精度，在具体的分类操作中各变量之间存在依赖关系，其假设往往很难成立。

5.2.2 朴素贝叶斯分类器应用案例

通过学习我们了解了朴素贝叶斯分类器的基本工作原理，下面将根据其工作原理来解决生活中常见的分类问题。表 5-1 为某个公司的员工基本信息。

表 5-1 员工基本信息表

样本	性别	职位	文化程度	年龄区间/岁	工资/元
1	男	销售员	大学	20~30	2000~3000
2	女	生产员	高中	30~40	>4000
3	男	检验员	大学	>40	3000~4000
4	男	生产员	高中	>40	3000~4000
5	女	检验员	高中	20~30	3000~4000
6	男	销售员	大学	30~40	>4000
7	女	生产员	高中	20~30	3000~4000
8	女	销售员	大学	30~40	2000~3000
9	男	生产员	高中	>40	3000~4000
10	男	销售员	高中	20~30	>4000

已知一名员工的职位为销售员，学历为大学，年龄在 30~40 岁，工资大于 4000 元，请问他的性别是男还是女？

要想解决这个问题，首先要根据训练样本计算出各属性相对于不同分类样本的条件概率，具体的计算过程如下：

$P(职位 = 销售员 | 性别 = 女) = 1/4$；$P(学历 = 大学 | 性别 = 女) = 1/4$；

$P(年龄 = 30~40 | 性别 = 女) = 1/2$；$P(工资 > 4000 | 性别 = 女) = 1/4$；

$P(职位 = 销售员 | 性别 = 男) = 1/2$；$P(学历 = 大学 | 性别 = 男) = 1/2$；

P(年龄 = 30~40|性别 = 男) = 1/6；P(工资＞4000|性别 = 男) = 1/3。

根据训练样本，我们很容易获得类先验概率：

P(性别 = 男) = 6/10；P(性别 = 女) = 4/10。

根据朴素贝叶斯分类器的工作原理，有

P(性别 = 男)×P(职位 = 销售员|性别 = 男)×P(学历 = 大学|性别 = 男)×P(年龄 = 30~
　40|性别 = 男)×P(工资＞4000|性别 = 男) = 1/120

P(性别 = 女)×P(职位 = 销售员|性别 = 女)×P(学历 = 大学|性别 = 女)×P(年龄 = 30~
　40|性别 = 女)×P(工资＞4000|性别 = 女) = 1/320

由于 1/120＞1/320，所以朴素贝叶斯分类器将具有上述属性的员工性别判定为男性。

5.3　半朴素贝叶斯分类器

为了降低贝叶斯公式中估计后验概率 $P(Y|X)$ 的难度，朴素贝叶斯分类器假设各属性之间条件独立，然而这个假设在现实任务中是难以成立的。在实际分类任务中，所有属性之间完全独立是不可能的，也不科学，于是人们不断尝试，在属性之间条件独立的基础上做出妥协，即适当考虑一部分属性之间的相互依赖关系，这样既不需要计算完全联合概率，又不会忽略各属性之间存在的较强的依赖关系，这就是半朴素贝叶斯分类器的基本思想。在具体的半朴素贝叶斯分类中，最常用的策略是"独依赖估计"，就是假设每一个属性有且仅当依赖一个其他属性，即

$$P(Y|X) \propto P(Y)\prod_{i=1}^{n}P(x_i|Y,pa_i) \tag{5-8}$$

其中 pa_i 为属性 x_i 所依赖的属性，称为父属性。对于每个属性 x_i，若已知其父属性，则可以根据前面朴素贝叶斯分类器的方法计算 $P(x_i|Y,pa_i)$，这就使得问题的关键转化为确定每个属性的父属性，如何确定每个属性的父属性有多种方法，不同的方法会产生不同的结果。根据不同属性之间存在的依赖关系不同，有以下几种常见的半朴素贝叶斯分类模型。

如图 5-1 所示，朴素贝叶斯各属性之间的依赖关系，从中我们可以看出不同属性之间相互独立。

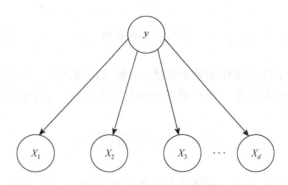

图 5-1　朴素贝叶斯关系模型

如图 5-2 所示，超父独依赖估计（super-parent one-dependent estimator，SPODE）模型假设所有的属性均依赖于一个父类属性，即为超父，在 SPODE 模型中，我们可以清楚地看到 X_1 为超父。

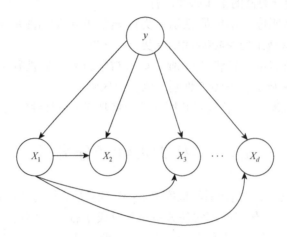

图 5-2　SPODE 模型

如图 5-3 所示，树增广朴素贝叶斯（tree augmented naive Bayes，TAN）模型也认为每个属性仅依赖一个属性，但并不像 SPODE 模型一样拥有一个统一的超父，相反，TAN 模型将所有的属性看成一个无向完全图。

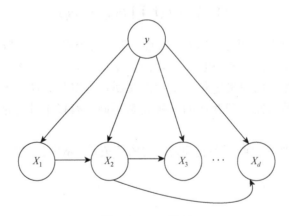

图 5-3　TAN 模型

如上所述，建立半朴素贝叶斯分类模型后，就可以按照前面的方法计算出概率，只不过每个属性都有其独特的父类，在计算的时候有些许差别，其余的计算皆相同。

5.4　贝叶斯网络

贝叶斯网络也叫贝叶斯信念网络或有向无环图模型，它是一种基于概率推理图形化网络，也是一种概率图模型。1958 年，朱迪亚·珀尔首次提出了贝叶斯网络，并指出贝叶斯网络是一个有向无环图，其组成部分为变量节点及连接这些节点的有向边。

通过 5.2 节、5.3 节的学习，我们了解到朴素贝叶斯假定类条件独立，即各属性之间相互独立，可是在实践中，这种假设并不一定成立，各属性之间并不完全独立，在这种情况下，朴素贝叶斯分类器就无法解决所遇到的大部分分类问题；经过不断的探索，人们提出了通过半朴素贝叶斯分类器，来解决部分属性之间存在的强依赖关系，实践证明效果显著，半朴素贝叶斯分类器可以在一定程度上提高分类的精度；人们进行了思考，能否通过考虑属性之间更多和更高阶的依赖关系来进一步提高泛化性能，进一步提高分类的精度。在此基础上，提出了贝叶斯网络，很好地解决了属性之间的相关关系，并使用图形将问题形象地展示出来，有利于问题的分析与解决。当前贝叶斯网络在分类、聚类和预测等方面应用广泛。

5.4.1　贝叶斯网络的结构

贝叶斯网络由两个部分组成：一个为有向无环图，它表示属性之间的依赖关系；另一个为概率表，这是贝叶斯网络的各个节点和父节点相互连接的基础。贝叶斯网络能够很好地表达出属性之间的条件独立性，如果给定父节点，那么此父节点条件独立于它所有的非后代节点。假设 θ 表示各属性之间的依赖关系，π_i 表示各个属性 x_i 的父节点，那么有联合概率分布：

$$P(x_1, x_2, x_3, \cdots, x_j) = \prod_{i=1}^{j} P(x_i \mid \pi_i) = \prod_{i=1}^{j} \theta_{x_i} \mid \pi_i \tag{5-9}$$

根据不同属性之间的依赖关系不同，贝叶斯网络存在以下三种结构。假设给定三个变量 A、B、C，且 A、B 相互独立，并且都对 C 有影响，那么称这种结构为 V 形结构；若 A 为父节点，子节点为 B 和 C 且相互独立，则该结构为同父结构；还有一种结构为顺序结构，在顺序结构中，给定 A 的值，则 B、C 相互独立。具体的结构如图 5-4 所示。

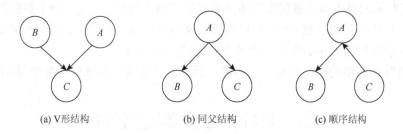

| (a) V形结构 | (b) 同父结构 | (c) 顺序结构 |

图 5-4　贝叶斯网络中变量之间的不同依赖关系

5.4.2　贝叶斯网络的建立

构造贝叶斯网络分两个步骤：构建结构模型和估计概率值。而具体的构造方式有以下三种。

（1）由领域专家确定贝叶斯的变量节点，并确定结构指定参数。

（2）由领域专家确定贝叶斯的网络节点，通过数据训练来学习贝叶斯网络的结构和参数。

（3）由领域专家确定网络节点，并由专家指定结构，通过大量的数据训练来确定参数。

建立贝叶斯网络模型的算法的步骤如下。

step 1：设 $T = (\ )$ 表示变量的全序。

step 2：**for** $j = 1$ **to d do**。

step 3：令 $X_{T(j)}$ 表示 T 中第 j 个次序最高的变量。

step 4：令 $\pi(X_{T(j)}) = \{X_{T(1)}, X_{T(2)}, \cdots, X_{T(j-1)}\}$ 表示排在 $X_{T(j)}$ 前面的变量的集合。

step 5：从 $\pi(X_{T(j)})$ 中去掉对 X 没有影响的变量（使用先验知识）。

step 6：在 $X_{T(j)}$ 和 $\pi(X_{T(j)})$ 中剩余的变量之间画弧。

step 7：**end for**。

在试验中，得到的网络结构可能会由于变量的排序不同而存在差异，这就需要对各种可能的排序进行试验，并从中选出最佳的网络拓扑结构，这是一项需要进行庞大计算的任务。一旦找到合适的网络拓扑结构，就可以估计确定各节点的概率，而这些方法也与朴素贝叶斯分类器和半朴素贝叶斯分类器类似。

5.4.3 贝叶斯网络的特点

贝叶斯网络有以下 4 个特点。

（1）贝叶斯网络在不确定情况下处理信息的能力很强，在信息不完全和不确定的情况下，贝叶斯网络能够根据属性之间的相互关联进行有效的数据处理与分析。

（2）贝叶斯网络利用图形和模型来描述数据之间的关系，清晰易懂，使得数据处理更加快捷和形象。

（3）贝叶斯网络不像决策树等其他分类算法有输入与输出之分，由于贝叶斯网络各个节点的计算操作都是相互独立的，所以在贝叶斯网络的推理使用中，不但能够从前往后推理，而且也能从网络之中的任何一个节点向前或向后推理。

（4）贝叶斯网络的网络结构一旦确定，后续的计算和数据处理将会变得非常简单。

5.5 贝叶斯分类器实例分析

已知下雨导致草地变湿的概率为80%，假设草地变湿有两种可能：第一种为8%的概率是下雨导致草地变湿，因为不排除雨量较小且持续时间短无法使草地变湿；第二种为20%的概率是由于灌溉器洒水而导致草地变湿。建立下雨使得草地变湿的模型，模型如图 5-5 所示。

由已知条件，可以得到 $P(R) = 0.4$，则 $P(\bar{R}) = 0.6$，类似的有 $P(\bar{W}\,|\,R) = 0.2$。如图 5-5

所示，解释了草地变湿的主要原因是下雨，贝叶斯网络可以颠倒因果做出判断，例如草地是潮湿的，判断由于下雨导致的概率为多大，由已知条件，我们可以进行计算：

$$P(R|W) = \frac{P(W|R)P(R)}{P(W)}$$

$$= \frac{P(W|R)P(R)}{P(W|R)P(R) + P(W|\overline{R})P(\overline{R})} \quad (5\text{-}10)$$

$$= \frac{0.8 \times 0.4}{0.8 \times 0.4 + 0.2 \times 0.6}$$

$$= 0.7273$$

由于灌溉器打开与否也是草地是否变湿的一个原因，我们可以用贝叶斯网络推断出灌溉器打开草地会湿的概率，所建立的贝叶斯网络模型如图 5-6 所示。

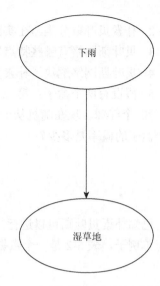

图 5-5　下雨使草地变湿的贝叶斯网络

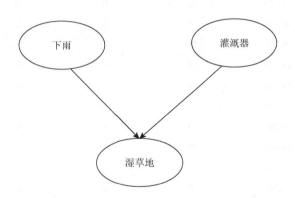

图 5-6　下雨和灌溉器共同作用下的贝叶斯网络结构

假设灌溉器打开且下雨草地变湿的概率为 90%，而灌溉器打开不下雨草地变湿的概率为 60%，则可以推导出灌溉器打开草地变湿的概率，由于下雨和灌溉器打开是两个独立的事件，所以可以获得 $P(R|S) = P(S)$，则有

$$P(W|S) = P(W|R,S)P(R|S) + P(W|\overline{R},S)P(\overline{R}|S)$$

$$= P(W|R,S)P(R) + P(W|\overline{R},S)P(\overline{R}) \quad (5\text{-}11)$$

$$= 0.9 \times 0.4 + 0.6 \times 0.6 = 0.72$$

即可以推断出灌溉器打开草地变湿的概率为 72%。

习　题

1. 根据各变量之间的依赖关系不同，贝叶斯网络存在哪几种结构？

2. 朴素贝叶斯分类器在实践过程中有哪些优缺点？

3. 贝叶斯网络有哪些特点？

4. 贝叶斯网络解决了朴素贝叶斯分类器什么问题？

5. 假设有两个盒子：第一个盒子中有 30 个白球，10 个红球；第二盒子中有 20 个白球，20 个红球。现在随机从一个盒子中摸出一个球，发现是白球，请问这个白球来自第一个盒子的概率是多少？

实践练习

已知朴素贝叶斯可以进行二分类和多分类，下面用代码来实现一个朴素贝叶斯分类器的简单例子，表 5-2 是一个数据集。

表 5-2　算法数据集

序号	年龄/岁	收入	学生	信誉	开通花呗
1	20~30	高	否	高	否
2	30~40	中	否	中	是
3	<20	低	是	高	是
4	20~30	中	是	中	否
5	20~30	低	是	中	是
6	30~40	高	否	高	否
7	<20	中	否	中	否
8	30~40	中	否	高	否
9	20~30	低	是	中	是
10	<20	中	是	高	是
11	30~40	低	否	中	是
12	20~30	高	否	高	否
13	20~30	中	是	中	是
14	30~40	低	否	高	是
15	<20	高	否	中	否
16	<20	中	是	高	否
17	30~40	中	否	高	是
18	20~30	中	否	中	是
19	30~40	高	否	中	否
20	<20	低	是	中	是

我们将这个数据集作为训练集，对新的样本 X =（年龄 = "20~30"，收入 = "中"，是否学生 = "是"，信誉 = "中"）进行分类，判断其是否开通花呗。

第6章 ▐▌▌

人工神经网络

人工神经网络（artificial neural network）是对神经系统结构与功能的模拟，其研究源于大脑神经元学说。在生物学中，神经系统的基本构成单元叫作神经细胞，简称神经元。生物神经元由细胞体、轴突、树突和突触构成，如图 6-1 所示。大脑可以看作是由多个神经元组成的神经网络，其信息传递和处理的机制让人类的大脑能够进行多种复杂的活动，人工神经网络正是在生物学基础上发展起来的能够模拟人类大脑功能和结构的数学模型。

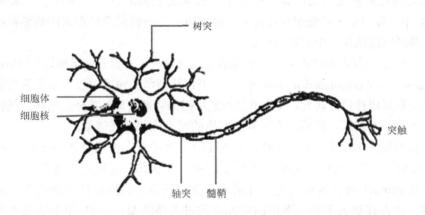

图 6-1 生物神经元结构

生物神经元具有多种功能特性，例如时空整合功能、兴奋与抑制状态、学习、遗忘和疲劳等，所以，人工神经网络也具有相似的功能，人们根据不同的特性，创建了多种不同功能的神经网络。

6.1 人工神经网络概述

人工神经网络，简称神经网络，是在模拟人脑思维方式基础上建立的数学模型，拥有人脑功能的基本特征，例如信息处理、学习，以及记忆等。

20 世纪 80 年代，人工神经网络的研究有了突破性的进展，出现了将神经网络与控制理论结合起来的智能控制方法，成为智能控制领域一个新的分支，为解决复杂的非线性、不确定性控制问题提供了一个新的途径。

到目前为止，人工神经网络尚没有一个统一的定义，根据国际著名人工神经网络研究专家、第一家神经网络技术公司的创立者赫克特·尼尔森的定义：人工神经网络是指多个简单的处理单元按照某种方式连接形成的网络系统，它能够对连续或是断续的外部输入进行响应，从而实现信息处理。总而言之，人工神经网络可以简单描述为：一种以模仿人脑结构及功能为目的的信息处理系统。

人工神经网络是一门较为活跃的交叉学科，其研究成果与应用正成为人工智能、神经生理学，以及非线性动力学等相关专业的热点。近年来，人工神经网络相关研究大量涌现，上百种人工神经网络模型被提出，涉及信号处理、组合优化、故障诊断、趋势预测等多方面，取得了巨大的进展。

第一次热潮：1943 年，沃伦·麦卡洛克和沃尔特·皮茨发表了题为《神经活动内在思想的逻辑演算》（*A Logical Calculus of the Ideas Immanent in Nervous Activity*）的论文，首次提出了神经元的 M-P 模型。该模型是第一个神经元数字模型。20 世纪 40 年代末，唐纳德·赫伯在《行为组织》（*The Organization of Behavior*）中分析了人工神经网络中各神经元之间连接强度变化，首次提出了一种调整权值的方法，叫赫伯（Hebb）型学习。1958 年，弗兰克·罗森布拉特发明了感知机，是一种最简单形式的前馈神经网络，也是人工神经网络的第一个实际应用。

低潮：马文·明斯基和西摩·帕珀特出版了《感知机：计算几何学概论》（*Perceptrons*：*An Introduction to Computational geometry*）一书，从数学的角度对以感知机为代表的网络系统的功能和局限性进行研究，发现单层神经网络的功能有限，甚至无法解决线性不可分的两类样本的分类问题。此后，人工神经网络的研究陷入了低迷期。

第二次热潮：1982 年，戴卫·帕克重新发现了误差反向传播算法（back propagation，BP）神经网络模型。同年，美国物理学家约翰·霍普菲尔德提出了连续和离散的霍普费尔德（Hopfield）神经网络模型，并采用了全互联型神经网络尝试解决非多项式复杂度的问题，由此促进人工神经网络的研究再次进入蓬勃期。1987 年圣迭戈首次召开了国际人工神经网络大会，成立国际人工神经网络联合会并创办多种人工神经网络国际刊物。

6.2　人工神经网络基本原理

人工神经网络是由人工神经元（神经元）相互连接组成的网络，是对人脑结构与功能的抽象与简化，拥有信息处理、学习、模式分类等基本特征。

6.2.1　人工神经元模型

人工神经网络是一种以神经元为节点，用有向加权弧连接的有向图，如图 6-2 中的人工神经元模型。其中，人工神经元是对生物神经元的模拟，有向弧则是对轴突—突触—树突对的模拟，有向弧的权值则表示连接的两个神经元之间的相互作用强度。

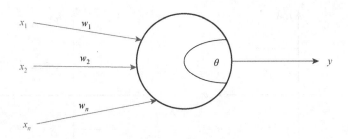

图 6-2　人工神经元模型

在图 6-2 所示的模型中：$x_1, x_2, \cdots, x_n$ 表示某个神经元的 n 个输入；w_i 表示连接的权值，用于表示第 i 个输入的连接强度；θ 表示神经元的阈值；y 表示神经元的输出。由图可知，神经元是一个具有多输入和单输出的非线性器件。

人工神经元模型的输入为

$$\sum w_i \times x_i \quad (i = 1, 2, \cdots, n) \tag{6-1}$$

输出为

$$y = f(\sigma) = f\left(\sum w_i \times x_i - \theta\right) \tag{6-2}$$

其中，f 为激活函数。

人工神经元模型具有生物神经元的 6 个基本特性：

（1）具有神经元及神经元之间的连接；

（2）神经元之间的连接强度决定了信号传递的强弱；

（3）连接强度可以随训练改变；

（4）信号有刺激或抑制两种作用；

（5）一个神经元接收的信号累计效果决定该神经元的状态；

（6）每个神经元都可以有一个阈值。

6.2.2　激活函数

激活函数用于表示神经元的输入与输出之间的映射关系，激活函数不同，人工神经元模型也就不同。常用的激活函数有以下几种。

1. 阈值型激活函数

阈值型激活函数的神经元没有内部状态，激活函数 f 是一个阶跃函数，表示激活值

σ 与其输出 $f(\sigma)$ 之间的关系，较为典型的有单位阶跃函数和对称型阶跃函数，如图 6-3 所示。

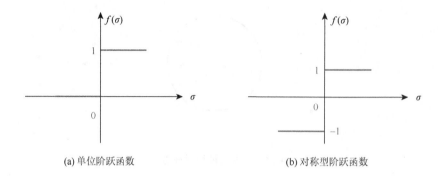

(a) 单位阶跃函数　　　　　　　　　　(b) 对称型阶跃函数

图 6-3　阈值型激活函数

$$f(\sigma)=\begin{cases}1, & \sigma \geqslant 0 \\ 0, & \sigma < 0\end{cases}$$

$$f(\sigma)=\begin{cases}+1, & \sigma \geqslant 0 \\ -1, & \sigma < 0\end{cases}$$

　　　(6-3)

阈值型激活函数的神经元是最简单的一种神经元，输出状态为 0 或 1，表示神经元的兴奋或抑制两种状态。无论何时，神经元的状态都由其功能函数 f 决定。当激活值 $\sigma > 0$ 时，表示神经元输入值的加权总和超过给定的阈值，神经元被激活进入兴奋状态，$f(\sigma)=1$；反之，$\sigma < 0$ 表示神经元输入值的加权总和不超过阈值，神经元并未被激活，$f(\sigma)=0$。

阈值型激活函数的神经元应用最为典型的例子是 M-P 模型，其结构如图 6-4 所示，是由美国心理学家麦卡洛克及数学家皮茨提出的最早的神经元模型之一，也是大多数神经网络模型的基础。

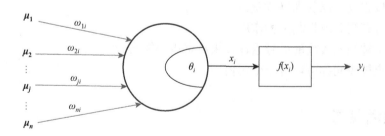

图 6-4　M-P 神经元的结构模型

在图 6-4 中：y_i 是第 i 个神经元的输出，可与其他多个神经元进行连接；$\mu_1, \mu_2, \cdots, \mu_j, \cdots, \mu_n$ 指与第 i 个神经元连接的其他神经元的输出；$\omega_{1i}, \omega_{2i}, \cdots, \omega_{ji}, \cdots, \omega_{ni}$ 是指其他神经元与第 i 个神经元的连接权值；θ_i 是第 i 个神经元的阈值；x_i 是第 i 个神经元的净输入；$f(x_i)$ 是激活函数。

2. 线性强饱和型激活函数

线性强饱和型激活函数的输入与输出之间在一定范围内满足线性关系，一直持续到输出为最大值 1 为止。达到最大值之后，输出值就不会再增大，如图 6-5 所示。

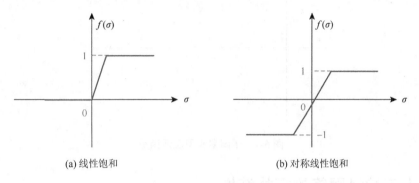

(a) 线性饱和   (b) 对称线性饱和

图 6-5　线性强饱和型激活函数

3. S 型激活函数

S 型激活函数具有连续的人工神经元，其输出函数是一个有最大值的非线性函数，其输出值是在某一个范围连续取值，输入输出的特性常用 S 型激活函数表示，反映了神经元的饱和特性，如图 6-6 所示。

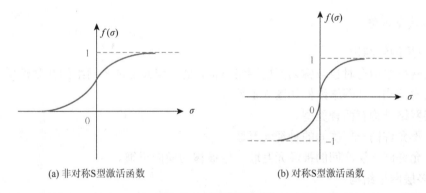

(a) 非对称S型激活函数   (b) 对称S型激活函数

图 6-6　S 型激活函数

$$\begin{cases} f(\sigma)=\dfrac{1}{1+e^{-x}} \\ f(\sigma)=\dfrac{1-e^{-x}}{1+e^{-x}} \end{cases} \tag{6-4}$$

4. 子阈累积型激活函数

子阈累积型激活函数是一类非线性函数，当产生的激活值超过 T 值时，该神经元被激活后产生反响。在线性范围内，反响是线性的，如图 6-7 所示。

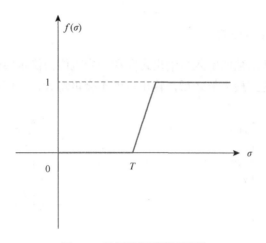

图 6-7 子阈累积型激活函数

6.2.3 人工神经网络的拓扑结构

人工神经网络所具有的强大功能是通过神经元之间的互相连接而达成的。一个复杂的互联系统,其网络性质和功能受到单元之间互联模式的影响,该互联模式也被称作拓扑结构。因此建立人工神经网络的一个重要步骤就是构造神经网络的拓扑结构。人工神经网络的拓扑结构可分为层次型网络和互联型网络两大类,其中层次型又可根据层数的多少分为单层网络结构和多层网络结构。

1. 层次型网络

1)单层网络结构

单层网络结构有时也被称为两层网络结构,是早期人工神经网络的互联模型,也是最简单的层次结构,其网络结构如图 6-8 所示。

单层网络结构有两种类型。

(1)不允许同一层次间的神经元互联。

(2)允许同一层次间的神经元互联,也被称为横向反馈。

2)多层网络结构

多层网络结构指的是拥有三层及三层以上的网络结构,将神经元按照功能分为若干层,一般包括输入层、隐藏层和输出层,其结构如图 6-9 所示。

多层网络各层级的功能。

(1)输入层的神经元用于接受外部环境的输入,然后传递给相连的隐藏层的各个神经元。

(2)隐藏层是人工神经网络的内部处理层,在人工神经网络内部构成中间层,其不与外部输入、输出直接交流。人工神经网络所具有的模式变换能力主要由隐藏层的神经元来体现。

(3)输出层用于产生人工神经网络的输出。

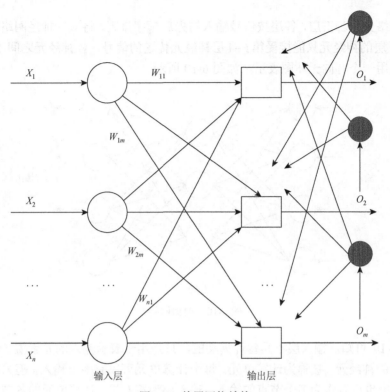

图 6-8　单层网络结构

在图 6.8 中 $X_1, X_2, \cdots, X_n$ 为输入的神经元，$O_1, O_2, \cdots, O_m$ 为输出的神经元，其中，相应的输入神经元之间的权重表示为 W_{ij}。

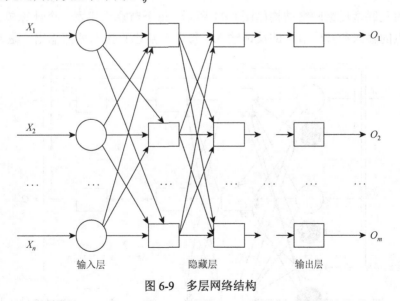

图 6-9　多层网络结构

在图 6.9 中 $X_1, X_2, \cdots, X_n$ 表示输入的神经元，$O_1, O_2, \cdots, O_m$ 表示输出的神经元。
在多层网络结构中，前馈网络是指信息流向向前的网络。

前馈网络分为若干层，各层按信号输入的先后顺序排列，将人工神经网络中某一层记为 i，则第 i 层的神经元只能接受第 $i-1$ 层神经元传递的信号，各神经元之间不存在反馈。该网络可以用一个有向无环图表示，如图 6-10 所示。

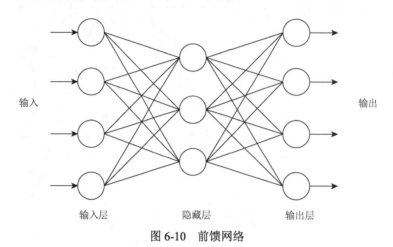

图 6-10　前馈网络

由图 6-10 可知，输入层不具备计算功能，只是用于表示输入的元素值。各层节点具有计算功能的神经元，被称为计算单元。每个计算单元可以有多个输入，但只能有一个输出，同时输出也可以作为多个节点的输入。输入层为第 0 层，计算单元的各节点层从左到右依次称为第 1 到 N 层，构成 N 层前馈网络。BP 神经网络模型是典型的前馈网络。

2. 互联型反馈网络

典型的互联型反馈网络结构如图 6-11 所示，每个节点均代表一个计算单元，同时接受前一节点的输入和其他节点的反馈输入，每个节点也直接向外部输出。霍普菲尔德神

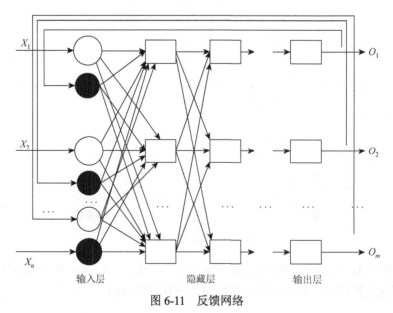

图 6-11　反馈网络

经网络模型就属于这种类型。在某些反馈网络中，神经元除了接受前一节点的输入和其他节点的反馈输入之外，也接受自身反馈输入，可以表示为一个完全无向图，如图 6-12 所示。每个连接都是双向的，给定两个神经元记为 i 与 j，则第 i 个神经元对于第 j 个神经元的反馈与第 j 个神经元到第 i 个神经元之间的突触权重相等，即 $\omega_{ij} = \omega_{ji}$。

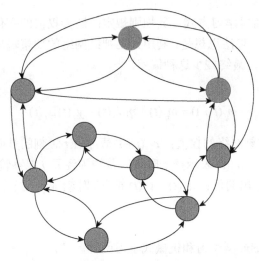

图 6-12　完全无向图

这种人工神经网络与前馈网络不同。前馈网络属于非循环连接模式，信号一旦通过某个神经元，过程就结束了，因此可以看作没有短期记忆。但是在反馈网络中，信号要在神经元之间反复往返传递，人工神经网络处在一种不断改变状态的动态过程中。它从某个初始状态开始，经过若干次的变化，才会达到某种平衡或进入周期震荡等状态，类似于人类短期记忆。

6.2.4　人工神经网络的学习与工作

人工神经网络的运行一般分为学习与工作两个阶段。人工神经网络最引人注意的一点就是它的学习能力，学习阶段就是它的训练过程。

在学习阶段中，神经元之间的连接权值按照一定的学习规则进行自动调整，目标是让性能函数达到最小。当指标满足要求时，学习阶段就结束。在工作阶段，人工神经网络中每个神经元之间的权值固定，由网络输入信号计算网络的输出结果。

由于人工神经网络的信息主要存储在各神经元之间的连接权系数上，因此，学习的过程就是根据神经元的输入状态、连接权值和网络学习的评价标准对权系数进行调整。需要注意的是，人工神经网络的学习具有一定的规则和学习方式，因此各种学习算法的研究，在人工神经网络的发展过程中起着重要作用，当前许多研究也专注于学习算法的研究、改进、更新和应用。

人工神经网络的学习过程可采取的学习规则有多种，本小节介绍最常用的监督学习和无监督学习。

1. 监督学习

监督学习也被称为有导师学习，采用纠错机制。一般情况下，监督学习需要将样本数据划分为训练集和测试集两部分，用以保证所训练出的人工神经网络具有拟合精度和泛化能力。

Delta 规则是一种监督学习方式。其规则规定：连接权值的变化与神经元希望的输出和实际输出之差成正比。算法思想是：利用人工神经网络的期望输出与实际之间的偏差作为连接权值调整的参考，最终减少这种偏差。

计算公式为

$$\omega_{ij}(t+1) = \omega_{ij}(t) + \eta[d_j(t) - y_j(t)]x_i(t) \tag{6-5}$$

式中：$\omega_{ij}(t)$ 表示在 t 时刻网络的权值；$\omega_{ij}(t+1)$ 表示在 t 时刻的基础上，对权值进行一次修正后所得到的新权值；$d_j(t)$ 表示在 t 时刻，希望神经元 j 能够输出的值；$y_j(t)$ 则是神经元 j 在 t 时刻的实际输出的值；$d_j(t) - y_j(t)$ 指在 t 时刻神经元 j 的输出误差。

2. 无监督学习

无监督学习分为 Hebb 型学习和机械式学习两种。

1）Hebb 型学习

Hebb 型学习也被称为联想式学习，由 Hebb 提出，是最早、最为著名的学习算法，至今仍被广泛应用。Hebb 型学习规定：人工神经网络同另一直接与它相连的神经元同时处于兴奋状态时，这两个神经元之间的连接强度将会得到加强。Hebb 型学习的基本思想是：如果两个神经元同时兴奋，则它们之间的连接强度与它们的受到的激励程度成正比。

Hebb 型学习方式可用如下公式表示：

$$\omega_{ij}(t+1) = \omega_{ij}(t) + \eta[x_i(t) \times x_j(t)] \tag{6-6}$$

式中：$\omega_{ij}(t+1)$ 代表修正一次 t 时刻的权值所得到的新权值；$x_i(t)$、$x_j(t)$ 分别表示 t 时刻神经元 i，j 的状态。

式（6-6）表明，权值调整量与输入输出的乘积成正比。此时的学习信号就是输出信号。这是一种前馈的无监督的学习。可以看出，经常出现的输入模式将对权向量有较大的影响，此时，Hebb 型学习需要预先设置权重的饱和值，防止输入与输出正负始终一致时出现权值无约束增长的现象。

2）机械式学习

机械式学习中的网络能记忆特定的例子，后续的信息输入按照既定程序进行学习和处理。在这种模式中，权值一旦设计好了就不能再更改，所以其学习阶段是一次性的。

6.2.5 感知机模型

1958 年，弗兰克·罗森布拉特提出了一种具有单层计算单元的人工神经网络，称为感知机模型。单层感知机模型与 **M-P** 模型十分相似，不同在于神经元之间连接权值的变化，感知机的连接权定义为可变的，这种可变性保证了感知机的学习能力。

感知机模型本质是一个非线性的前馈网络，同一层级内神经元不存在互联，不同层级之间不存在反馈，信息由下层向上层传递。该模型的输入和输出都是离散值，神经元对输入信息进行加权求和后，由阈值函数决定其输出。

由于单神经元感知机作用函数是阶跃函数，所以其输出只能是 0 或者 1。当输入信息的加权和大于等于阈值时，输出为 1，否则输出为 0 或–1。

感知机模型研究中首次出现了自组织和自学习的概念，这对人工神经网络的发展起到了推动作用，是研究人工神经网络的基础。

感知机可分为单层和多层结构。

1. 单层感知机

单层感知机由输入部分（感知层）和输出层构成，但只有输出层可作为计算层。两层神经元之间采用的是全互联的方式，其结构如图 6-13 所示。单层感知机的两层都可以由多个神经元组成，感知层将输入模式传送给连接的输出层，输出层再对输入数据进行加权求和，经过阈值函数的作用，最后产生一组输出向量。

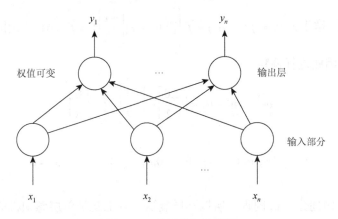

图 6-13　单层感知机模型

算法思想：首先计算权重和输入乘积的和 $f(x)=\mathrm{sign}\left[\sum(\omega\times x)\right]$，然后根据和的正负进行分类。

（1）计算各个变量加权后的和 Σ。

（2）根据 Σ 是否大于 0 得到分类结果。

假设对于任意一个训练样本，输入特征为 (x_{i1},x_{i2})。

求和：

$$S=x_1\times\omega_1+x_2\times\omega_2+\xi \tag{6-7}$$

当 $S>0$ 时，为正类；当 $S\leqslant0$ 时，为负类；当 $S=0$ 时，为正负类的分界超平面。

下面根据样本数据，讨论单层感知机的学习过程，设样本数据为

$$\left\{u_1 = \begin{bmatrix} 1 \\ 2 \end{bmatrix}, t_1 = 1\right\}, \left\{u_2 = \begin{bmatrix} -1 \\ 2 \end{bmatrix}, t_2 = 0\right\}, \left\{u_3 = \begin{bmatrix} 0 \\ -1 \end{bmatrix}, t_3 = 0\right\}$$

设单层感知机的初始权值为：$\omega = [1.0, -0.8]$，将 u_1 输入感知机，得到

$$y_1 = f(\omega, u_1) = f\left\{[1.0, -0.8]\begin{bmatrix} 1 \\ 2 \end{bmatrix}\right\} = f(-0.6) = 0$$

由于实际输出为 0，但输入样本中 $t_1 = 1$，说明感知机没有给出正确的值。利用 $\underset{\text{new}}{\omega}^{\text{T}} = \underset{\text{old}}{\omega}^{\text{T}} + \eta u$ 进行调整，其中 η 是为学习速率，值为 1。调整后的 ω 为

$$\underset{\text{new}}{\omega}^{\text{T}} = \underset{\text{old}}{\omega}^{\text{T}} + u_1 = \begin{bmatrix} 1.0 \\ -0.8 \end{bmatrix} + \begin{bmatrix} 1 \\ 2 \end{bmatrix} = \begin{bmatrix} 2.0 \\ 1.2 \end{bmatrix}$$

调整后的输出为 $y_1 = f(\omega, u_1) = f\left\{[2.0, 1.2]\begin{bmatrix} 1 \\ 2 \end{bmatrix}\right\} = f(4.4) = 1$，得到了正确划分。同理，

将 u_2 输入感知机，结果为 $y_2 = f(\omega, u_2) = f\left\{[2.0, 1.2]\begin{bmatrix} -1 \\ 2 \end{bmatrix}\right\} = f(0.4) = 1$，由 $t_2 = 0$ 可知，u_2 被错误划分了。因此进行调整：

$$\underset{\text{new}}{\omega}^{\text{T}} = \underset{\text{old}}{\omega}^{\text{T}} - u_2 = \begin{bmatrix} 2.0 \\ 1.2 \end{bmatrix} - \begin{bmatrix} -1 \\ 2 \end{bmatrix} = \begin{bmatrix} 3.0 \\ -0.8 \end{bmatrix}$$

$$y_2 = f(\omega, u_2) = f\left\{[3.0, -0.8]\begin{bmatrix} -1 \\ 2 \end{bmatrix}\right\} = f(-4.6) = 0$$

u_2 也得到正确划分，u_3 同理，所以不再展示，以上就是单层感知机的分类过程。

2. 多层感知机

多层感知机是一种前馈型人工神经网络，除了输入与输出层外，还包含一个隐藏层，将多个输入数据集映射到单一的输出集上，多层感知机模型如图 6-14 所示。

注意：①单和多指的是计算单元所在节点的层数，输入层无计算功能；②单层感知机只能学习线性函数，多层感知机则可以学习非线性函数，可以解决线性不可分的分类问题，在模式识别、图像处理等领域应用广泛。

给出一系列特征 $X = (x_1, x_2, \cdots, x_n)$ 和目标 Y，一个多层感知机可以以分类回归为目的，学习特征与目标之间的关系，6.2.6 小节将以人工神经网络为例，展示多层感知机的学习与预测功能。

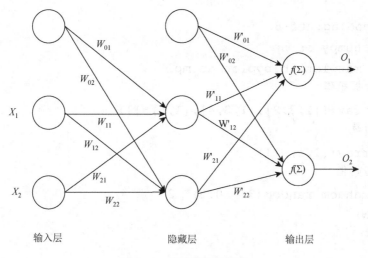

图 6-14　多层感知机模型

6.2.6　误差反向传播算法

1. 单层感知机的训练

单层感知机的训练依照离散感知机学习规则或者 Delta 规则，属于监督学习方式。针对一组输入产生一个预期的输出，通过比较感知机的实际输出和预期输出结果调整感知机的权值和阈值，即可完成训练。

其逻辑如下。

（1）定义一个包括感知机参数的损失函数，用以衡量当前模型的优劣。

（2）调整参数使损失函数值逐渐降低。

（3）损失函数的损失降低到一定程度，使得预期输出和实际输出的差可以接受。

（4）训练到符合标准的模型。

数学表示如下：

假设定义 $e = t - y$，其中：

$$y = f(x) = \begin{cases} 1, & x \geq 0 \\ 0, & x < 0 \end{cases} \tag{6-8}$$

$$x = \omega_1 \mu_1 + \omega_2 \mu_2 + \cdots + \omega_n \mu_n + \theta \tag{6-9}$$

当 $e = 1$ 时，$\omega' = \omega + \eta\mu$；当 $e = -1$ 时，则 $\omega' = \omega - \eta\mu$；当 $e = 0$ 时，则 $\omega' = \omega$。

单层感知机具有一定的局限性，其只能对线性可分的向量集合进行分类，也就是只能解决线性可分的分类问题。

利用单层感知机原理对输入数据进行分类。输入原始数据和目标函数之后，设置单层感知机的初始权值，包括学习率、迭代次数等，设置权值更新的机制，当权值更新后，将单层感知机计算出的值与期望值进行对比，不断调整参数，最终取得标准模型。

以下是单层感知机用于分类的简单实例。

```
# -*- coding:utf-8 -*-
import numpy as np
import matplotlib.pyplot as mpl
# 输入数据矩阵
X=np.array([[1,3,2],[1,3,4],[1,8,5]])
# 目标函数
Y=np.array([1,1,-1])
# 权值初始化
W=(np.random.random(3)- 0.5)* 2
print(W)
# 学习率
lr=0.1
# 迭代次数
n=0
# 人工神经网络输出
o=0
# 权值更新
def update():
    global X,Y,W,lr,n
    n=n+1
    O=np.sign(np.dot(X,W))# 实际输出
    W1=lr *((Y - O).dot(X))
    W=W+W1
for i in range(100):
    update()# 更新权值
    print(W)
    print(n)
    O=np.sign(np.dot(X,W))# 实际输出
    if(O==Y).all():
        print("完成")
        print("迭代次数:",n)
        break
# 实例部分
# 正样本
x1=[2,4]
y1=[3,3]
# 负样本
x2=[5]
```

```
y2=[8]
# 计算分界线斜率及截距
k=-W[1]/W[2]
d=-W[0]/W[2]
print("斜率=",k)
print("截距=",d)
xdata=np.linspace(0,8)
mpl.figure()
mpl.plot(xdata,xdata * k+d,'r')
mpl.plot(x1,y1,'bo')
mpl.plot(x2,y2,'yo')
mpl.show()
```

运行结果如下：

完成

迭代次数：11

斜率=0.743567573511

截距=-0.90812222815

运行结果如图 6-15 所示，上述结果表明在对原始输入数据进行学习后，得到了斜率为 0.743567573511，截距为–0.90812222815 的分界线，再利用此分界线对实例部分数据进行分类，由图 6-15 可知，三个数据点均在分界线的一侧，灰点离得较远，两个黑点较近。单层感知机能实现分类，但分类效果并不好。

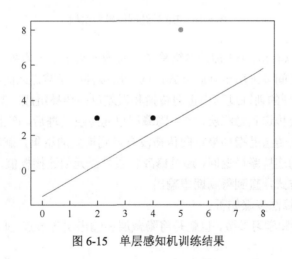

图 6-15 单层感知机训练结果

2. 多层感知机的训练

多层神经网络权值的确定，需要用到误差反向传播算法，即 BP 神经网络模型，这一模型由美国加州大学的鲁梅尔哈特和梅克尔兰结合感知机在信息处理中的并行性与分布性两个概念于 1985 年提出，该模型既实现了多层网络设想，又突破了感知机的一些局限。

BP 神经网络模型运行的原理：利用输出的误差估计输出层的直接前导层的误差，再利用这个误差去估计更前一层的误差。如此下去，就会得到网络中所有层数的估计误差。模型将表现出的误差沿着与输入信号相反的方向逐级传递，所以称为反向传播算法，其模型结构如 6-16 所示。

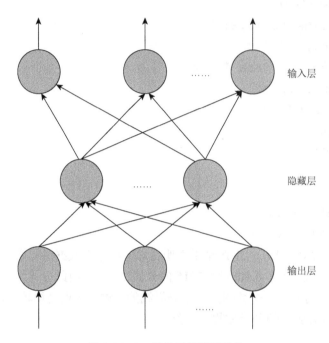

图 6-16　BP 神经网络模型结构

从图 6-16 中可以看出，BP 神经网络除了具有输入输出层节点外，还含有一层或多层隐藏节点。层与层之间多采用全互联方式，同一层级神经元节点之间不存在相互连接。

BP 神经网络模型的训练过程由正向传播和误差反向传播组成。其中：①正向传播是将输入向量从输入层传递到隐藏层，经由隐藏层单元逐层处理后，产生一个输出向量传到输出层；②误差反向传播是指如果正向传播没有得到期望的结果，就转为误差反向传播，即误差信号沿原来的连接路径返回，通过修改各层神经元的连接权值，使误差信号达到最小。重复以上两种方式，直到得到期望输出。

BP 神经网络的算法步骤如下。

（1）初始化网络和学习参数，也就是将隐藏层和输出层各节点之间的权值和阈值赋为 [−1,1] 的随机数。

（2）提供训练样本。即从训练样本集合中选择一个样本，将其输入与期望输出传送到网络中。

（3）正向传播，对于给定的输入，从第一层隐藏层开始，计算网络的输出，把得到的输出与期望的输出进行比较，如果存在误差，就转到第（4）步，进入另一个模式的训练；

否则返回第（2）步，进行下一次的训练。

（4）反向传播，从输出层反向计算到第一个隐藏层，逐层修正单元之间的连接权值。

（5）返回第（2）步，对训练样本集合中的每一个样本都重复进行第（2）、（3）步，直到每一个样本都满足期望的输出为止。

BP 神经网络激活函数有以下两个特点：①激活函数必须是每处可以微分的；②经常使用 S 型激活函数的对数、正切激活函数和线性函数。

下面通过实例展示 BP 神经网络的详细计算过程，数据见表 6-1。

表 6-1　BP 神经网络输入与输出值

X_1	X_2	Y
0.3	−0.7	0.1
0.4	−0.5	0.05

其中，X_1 与 X_2 是 BP 神经网络的两个输入值，Y 则是实际输出值，以下是具体的实现过程。

（1）随机生成初始权重，过程如图 6-17 所示。

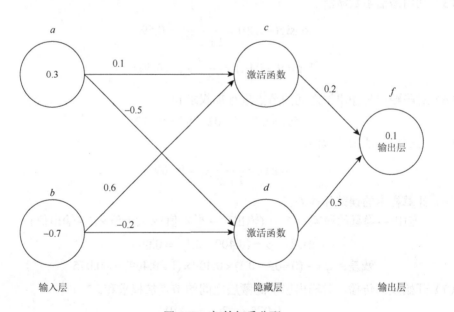

图 6-17　初始权重分配

图 6-17 中层与层之间线上的值为初始权重，是属于[−1, 1]之间的随机数。

（2）对输入层与隐藏层之间的节点进行加权求和，如图 6-18 所示。

$$0.3\times0.1+(-0.7)\times0.6=-0.39$$

$$0.3\times(-0.5)+(-0.7)\times(-0.2)=-0.01$$

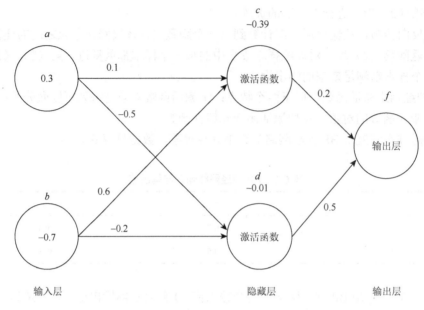

图 6-18　节点加权求和

（3）利用激活函数激活。

$$\text{logsig}(-0.39) = \frac{1}{1 + e^{-0.39}} = 0.596$$

$$\text{logsig}(-0.01) = \frac{1}{1 + e^{-0.01}} = 0.502$$

（4）对隐藏层与输出层之间的节点进行加权求和。

$$0.596 \times 0.2 + 0.502 \times 0.5 = 0.370$$

（5）输出层激活函数激活。

$$\text{logsig} = \frac{1}{1 + e^{0.370}} = 0.409$$

（6）计算样本的误差和残差。

输出→隐藏的残差：$\xi = -($输出值$-$样本值$)\times$输出值$\times(1-$输出值$)$

误差：$\sigma = (0.409 - 0.1)^2 = 0.095$

残差：$\xi = -(0.409 - 0.1) \times 0.409 \times (1 - 0.409) = -0.075$

（7）开始反向传播，对输出层与隐藏层之间的节点加权求和。

$$-0.075 \times 0.200 = -0.015$$

$$-0.075 \times 0.500 = -0.038$$

（8）求隐藏层到隐藏层的残差。

$$\zeta_1 = -0.015 \times 0.596 \times (1 - 0.596) = -0.004$$

$$\zeta_2 = -0.038 \times 0.502 \times (1 - 0.502) = -0.009$$

（9）对输入层到隐藏层之间的权重进行更新，假设学习速率设定为 0.5，由上至下，四条权重分别需要更新的幅度如下。

$$0.3 \times (-0.036) \times 0.500 = -0.001$$
$$0.3 \times (-0.009) \times 0.500 = -0.001$$
$$-0.7 \times (-0.009) \times 0.500 = 0.003$$
$$-0.7 \times (-0.004) \times 0.500 = 0.001$$

更新后的权值变为

$$0.100 + (-0.001) = 0.099$$
$$-0.500 + (-0.001) = -0.501$$
$$0.600 + 0.001 = 0.601$$
$$-0.200 + 0.003 = -0.197$$

（10）再对隐藏层至输出层之间的权重进行更新，将学习速率设定为 0.5，由上至下，则两条权重边分别需要更新的幅度如下，过程如图 6-19 所示。

$$0.596 \times (-0.075) = -0.045$$
$$0.502 \times (-0.075) = -0.038$$

更新后的权值为

$$0.200 + (-0.045) = 0.155$$
$$0.500 + (-0.038) = 0.462$$

权重如图 6-19 所示。

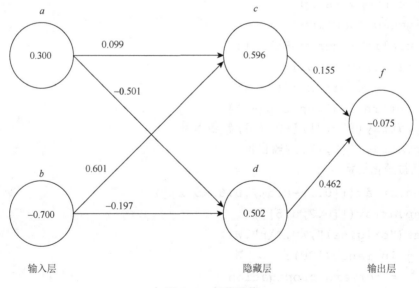

图 6-19 权值调整

至此，BP 神经网络便完成了一次学习，也就是梯度下降，随后，在训练数据中人工神经网络会不断地更新权重，达到足够的学习次数后，就得到最终的结果，其计算过程及结果见表 6-2。

表 6-2 BP 神经网络计算过程及结果

步骤	a	b	c	d	f	输出→隐藏 残差	隐藏→隐藏 残差
(1)	0.300	−0.700	无	无	0.100		
(2)	0.300	−0.700	−0.390	−0.010	0.100		
(3)	0.300	−0.700	0.596	0.502	0.1		
(4)	0.300	−0.700	0.596	0.502	0.370		
(5)	0.300	−0.700	0.596	0.502	0.409		
(6)	0.300	−0.700	0.596	0.502	−0.075	−0.075	
(7)	0.300	−0.700	0.596	0.502	−0.075		
(8)	0.300	−0.700	−0.036	−0.009	−0.075		−0.036 −0.009
(9)	0.300	−0.700	0.596	0.502	−0.075		
(10)				所有权值更新			

为了更清晰展示 BP 神经网络学习的过程，以下展示一个利用 BP 神经网络实现学习的实例。首先确定输入层与输出值，确定人工神经网络的初始权值，利用正向传播算法计算网络输出值，将网络输出值与实际值进行对比，得到其差值；在其差值不符合要求时，使用反向传播算法修正权值，重复上述过程，直到得到期望输出。

代码如下：

```
import numpy as np
# sigmoid function
def nonlin(x,deriv=False):
    if(deriv==True):
        return x *(1 - x)
    return 1/(1+np.exp(-x))
X=np.array([[0.3],[-0.7]])# 输入层
y=np.array([[0.1]])#输出值
#随机初始化权重
W0=np.array([[0.1,-0.5],[0.6,-0.2]])
W1=np.array([[0.2,0.5]])
print("original",W0,"\n",W1)
for j in range(100):
    # forward propagation
    l0=X
    l1=nonlin(np.dot(W0,l0))
    l2=nonlin(np.dot(W1,l1))
    l2_error=y - l2
```

```
Error=1/2.0*(y - l2)**2
print("Error:",Error)
#back Propagation
l2_delta=l2_error * nonlin(l2,deriv=True)#
l1_error=l2_delta * W1 #反向传播
l1_delta=l1_error * nonlin(l1,deriv=True)
W1+=l2_delta*l1.T; #修改权值
W0+=l0.T.dot(l1_delta)
print(W0,"\n",W1)
```

结果如下：

```
Error:[[ 5.92944818e-07]]
[[ 0.0993309  0.6425254]
 [ 0.3993309  0.4425254]]
[[-0.30032342  0.31508797]]
```

以上结果表示输入值经过 100 次学习后得到的参差值，以及学习调整后的权值。

6.3　算法改进

人工神经网络中算法很多，针对的方面也各不相同，同时与其他领域的算法、理论和方法也有较多融合，所以人工神经网络算法的改进并没有具体的方向，以下介绍三种常见改进算法。

6.3.1　交叉熵——神经元饱和

仔细观察图 6-20 中 S 型激活函数可以发现，函数的两端区域变得"平坦"，即当 σ 很大或很小时，其导数 $\mu' \to 0$，这就会导致人工神经网络的梯度值变得很小，即人工神经网络学习的速度变慢，这种现象被称为神经元饱和。

假定某人工神经网络具有两层结构，代价函数 f 为二次代价函数时，则有

$$\frac{\partial f}{\partial \omega} = (b-y)\mu'(\sigma)x = \alpha\mu'(\sigma)$$
$$\frac{\partial f}{\partial d} = (a-y)\mu'(\sigma) = \alpha\mu'(\sigma)$$

（6-10）

为了解决这一问题，交叉熵（cross entropy）代价函数被引入人工神经网络，如图 6-20 所示：

$$f = -\frac{1}{n}\sum_x [y\ln a + (1-y)\ln(1-a)]$$

（6-11）

101

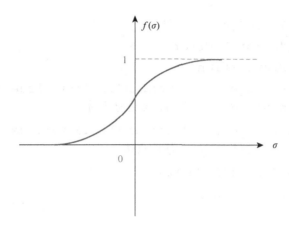

图 6-20   cross entropy 代价函数

此函数满足成为代价函数的两个性质：① $f > 0$；②当 $a \approx y$ 时，$f \approx 0$。对其求梯度可知，梯度中不存在 $\mu'(\sigma)$ 项，所以 cross entropy 避免了神经元饱和问题的出现，提高了人工神经网络的学习速率。

6.3.2   正则化——过拟合

在人工神经网络训练过程中，最容易出现的问题之一就是过拟合，过拟合会给实验结果带来较大偏差。当训练的样本数据量过少或者样本数据质量不好时会出现过拟合问题，具体表现为训练样本正确率在增高，但是测试样本输出的正确率变化却不大，并且正确率远远低于训练样本输出的正确率。这种现象类似于人工神经网络对训练集样本具有很好的学习能力，但其学习的规律却不能应用于新的测试样本。

解决过拟合的方法如下：

（1）交叉验证；

（2）实时追踪模型学习结果提前停止训练；

（3）正则化。

正则化（regularization）可以有效解决过拟合问题，可以使用的正则化方法有 L2 正则化、L1 正则化、Dropout。

6.3.3   权值初始化——隐藏层神经元饱和

cross entropy 代价函数主要用于解决输出层神经元饱和的问题，但是隐藏层可能会出现同样问题，但 cross entropy 代价函数并不适用。

例如：假设应用高斯分布对模型的权值和偏置进行初始化，如果输入 1000 个样本，一半为 0，另一半为 1，那么其加权输入 $s = \sum_j \omega_j x_j + \eta$ 的标准差约为 22.4，s 的高斯分布如图 6-21 所示。

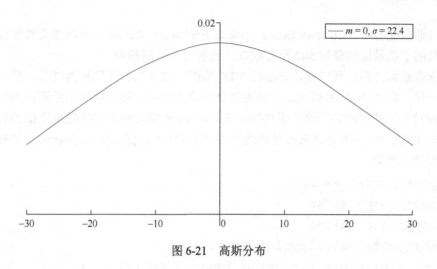

图 6-21　高斯分布

由图 6-21 可以看出 $|s|$ 的值有可能会很大，这会导致隐藏层出现神经元饱和的现象，学习速率会被降低。

尝试利用均值 m 为 0，标准差 σ 为 1 的高斯分布初始化权值，可以计算出 s 的标准差为 1.22，高斯分布如图 6-22 所示。

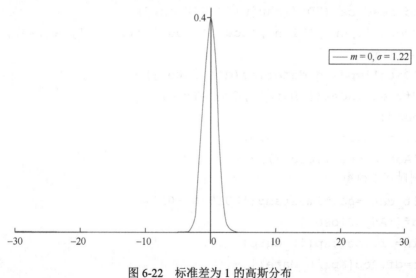

图 6-22　标准差为 1 的高斯分布

从图 6-22 中可以看出，$|s|$ 会集中在一个极小的范围内，降低了神经元饱和问题出现的概率。

6.4　应用及实例分析

人工神经网络拥有十分强大的功能，因此被应用于多个领域。本节利用人工神经网络对芝加哥期权交易所（Chicago Board Options Exchange，CBOE）波动性指数进行预测，该指数常用于衡量标准普尔 500 指数期权，也被称为恐惧指数。

在读取数据之后，利用分片方法将 VIX 数据集划分为训练集和测试集，然后对数据进行归一化，将 X 与 Y 的测试集、训练集分别输入到人工神经网络中后进行预测，通过结果指标对人工神经网络预测结果进行分析。Python 中自带人工神经网络相关数据包，包中含有相关指标，读者可以选择使用均方根误差和平均绝对误差等指标对人工神经网络学习结果进行衡量。

```python
import pandas as pd
import numpy as np
#matplotlib inline
import matplotlib.pyplot as plt
from sklearn.preprocessing import MinMaxScaler
from sklearn.metrics import r2_score
from keras.models import Sequential
from keras.layers import Dense
from keras.callbacks import EarlyStopping
from keras.optimizers import Adam
df=pd.read_csv("D://shuju//ZAVIX.csv")
df.drop(['Open','High','Low','Close','Volume'],axis=1,
inplace=True)
df['Date']=pd.to_datetime(df['Date'])
df=df.set_index(['Date'],drop=True)
df.head(10)
plt.figure(figsize=(10,6))
df['Adj Close'].plot();
#绘制时间序列图
split_date=pd.Timestamp('2018-01-01')
df=df['Adj Close']
train=df.loc[:split_date]
test=df.loc[split_date:]
plt.figure(figsize=(10,6))
ax=train.plot()
test.plot(ax=ax)
plt.legend(['train','test'])
plt.show()
#将数据集拆分为训练集和测试集，如图 6-23 所示。
```

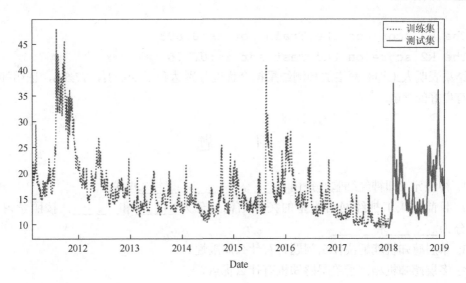

图 6-23 数据拆分

```
#利用人工神经网络进行预测
scaler=MinMaxScaler(feature_range=(-1,1))
train_sc=scaler.fit_transform(train.values.reshape(-1,1))
test_sc=scaler.transform(test.values.reshape(-1,1))
X_train=train_sc[:-1]
y_train=train_sc[1:]
X_test=test_sc[:-1]
y_test=test_sc[1:]
nn_model=Sequential()
nn_model.add(Dense(12,input_dim=1,activation='relu'))
nn_model.add(Dense(1))
nn_model.compile(loss='mean_squared_error',optimizer='adam')
early_stop=EarlyStopping(monitor='loss',patience=2,verbose=1)
history=nn_model.fit(X_train,y_train,epochs=100,batch_size=1,
verbose=1,callbacks=[early_stop],shuffle=False)
y_pred_test_nn=nn_model.predict(X_test)
y_train_pred_nn=nn_model.predict(X_train)
print("The R2 score on the Train set is:\t{:0.3f}".format(r2_score
(y_train,y_train_pred_nn)))
print("The R2 score on the Test set is:\t{:0.3f}".format(r2_score
(y_test,y_pred_test_nn)))
```

预测结果如下

```
Epoch 00036:early stopping
```

```
The R2 score on the Train set is:0.893
The R2 score on the Test set is:0.775
```

结果表明人工神经网络的预测结果拟合优度分别达到了 89.3%，77.5%，证明神经网络拥有良好的性能。

习　题

1. 神经元（即神经细胞）是由_____，_____，_____构成。

2. 目前，人工神经网络模型的拓扑结构可分为_____和_____，按照学习方式可以分为_____和_____。

3. 单层感知机能解决什么问题？有什么局限性？

4. 多层感知机相比于单层感知机有什么优点？

5. BP 神经网络的训练过程由_____和_____构成。

实 践 练 习

书中已经对 BP 神经网络进行了介绍，为了加深对人工神经网络相关知识的理解，请读者利用 BP 神经网络实现对鸢尾花数据集的分类。鸢尾花数据集共有 150 个样本，分为 3 个类别，每个样本有 4 个特征。

第 7 章 ▮▮▮

支持向量机

支持向量机（support vector machine，SVM）是一种二分类模型，它的基本思想就是最大化间隔，找到一个决策超平面，使大部分的数据点位于决策边界上或决策边界的外侧。除此之外，SVM 还可以进行正则化学习，从而能够通过控制模型参数来防止"过拟合"问题的产生。当遇到非线性问题时，SVM 可以使用核技巧（kernel trick）来解决。因此，SVM 的本质就是量化两类数据的差异，可将问题形式化为一个求解凸二次规划的优化问题，也等价于正则化的合页损失函数的最小化问题。需要注意的是，SVM 是一种判别模型，仅用于数据集中最难分类的数据表示决策边界，该子集称为支持向量。本章将首先介绍 SVM 分类的基本原理和推导过程，然后将支持向量的方法也可以应用到回归问题中，介绍支持向量回归的基本原理，最后通过实例应用实现 SVM 分类。

7.1 SVM 分类

SVM 能够在高维特征空间中学习"好"的分类，从而避免维数灾难，而"好"的分类超平面意味着优秀的泛化能力。泛化性理论清楚地说明了如何控制容量，所以通过控制超平面的间隔度量可以抑制过拟合，而最优化理论提供了必要的数学应用技术来找到优化这些度量的超平面。不同的泛化性启发了不同的算法，比如优化最大间隔、间隔分布或支持向量的数目等。为理解 SVM 分类器的基本思想，本节将首先介绍最大化间隔分类器的相关基本概念及选择决策超平面的原理和推导过程，对于复杂问题，引入核函数来找到决策超平面。

7.1.1 最大间隔分类器

SVM 基本模型定义为特征空间上的间隔最大的线性分类器。它只能用于特征空间中线性可分的数据，所以不能在现实世界使用。但它是最容易理解的算法，并且是更加复杂的 SVM 算法的主要模块。它展示了这类学习器的关键特征，所以其描述对理解后面更高级的系统至关重要。

倘若该数据集能够完全被分离，那么该数据集是线性可分的。用对应于训练集 S 的假设 f 的间隔来描述线性学习器的泛化误差界。对于训练误差都为 0 的感知机模型，如何针对当前数据集，选择一个最好的感知机模型就需要考虑模型的泛化误差，即在所有训练误差为 0 的感知机中，选择泛化误差最小的感知机。最大间隔分类器形成了第一个 SVM 的策略，即在一个选定的核函数特征空间中寻找最大间隔超平面。

寻找最大间隔分离超平面可以转化为一个求解凸优化问题，即约束最优化问题。需要指出的是函数间隔的取值并不影响最优化问题的解。假设超平面做尺度变化（$\lambda w, \lambda b$），其中 $\lambda \in \mathbf{R}^+$，函数间隔会同比例变化，但这一改变对最优化问题的不等式约束没有影响，对目标函数的优化也没有影响。固定函数间隔为 1，等价于优化几何间隔，并最小化权重向量的范数。如果 w 是权重向量，要在正点 x^+ 和负点 x^- 上实现函数间隔为 1，可以计算几何间隔。同时，函数间隔为 1 意味着：

$$\langle w \cdot x^+ \rangle + b = +1$$
$$\langle w \cdot x^- \rangle + b = -1 \tag{7-1}$$

同时，为计算几何间隔必须归一化 w。几何间隔 γ 是所得分类器的函数间隔：

$$\begin{aligned}
\gamma &= \frac{1}{2}\left(\left\langle \frac{w}{\|w\|_2} \cdot x^+ \right\rangle - \left\langle \frac{w}{\|w\|_2} \cdot x^- \right\rangle \right) \\
&= \frac{1}{2\|w\|_2}\left(\langle w \cdot x^+ \rangle - \langle w \cdot x^- \rangle \right) \\
&= \frac{1}{\|w\|_2}
\end{aligned} \tag{7-2}$$

所以，几何间隔将成为 $\frac{1}{\|w\|_2}$，并得出以下结论。

命题 7.1 给定一个线性可分训练样本

$$S = ((x_1, y_1), \cdots, (x_l, y_l))$$

求解优化问题：

$$\begin{aligned}
&\text{min imize}_{w,b} \langle w \cdot w \rangle \\
&\text{subject to} \quad y_i(\langle w \cdot x_i \rangle + b) \geqslant 14 \\
&\qquad\qquad i = 1, \cdots, l
\end{aligned} \tag{7-3}$$

可以得到超平面（w, b），它实现了几何间隔为 $\gamma = \frac{1}{\|w\|_2}$ 的最大间隔超平面。

现考虑如何将优化问题转化为相对应的对偶问题，原始拉格朗日函数为

$$L(w, b, \alpha) = \frac{1}{2}\langle w \cdot w \rangle - \sum_{i=1}^{l} \alpha_i \left[y_i(\langle w \cdot x_i \rangle + b) - 1 \right] \tag{7-4}$$

式中：$\alpha_i \geqslant 0$ 是拉格朗日乘子。

通过对相应的 w 和 b 求偏导，可以找到相应的对偶形式：

$$\begin{cases}
\dfrac{\partial L(w, b, \alpha)}{\partial w} = w - \sum_{i=1}^{l} y_i \alpha_i x_i = 0 \\
\dfrac{\partial L(w, b, \alpha)}{\partial b} = \sum_{i=1}^{l} y_i \alpha_i = 0
\end{cases} \tag{7-5}$$

化简得到关系式：

$$\begin{cases} w = \sum_{i=1}^{l} y_i \alpha_i x_i \\ 0 = \sum_{i=1}^{l} y_i \alpha_i \end{cases} \tag{7-6}$$

代入到原始拉格朗日函数，消去 w 和 b

$$\begin{aligned} L(w,b,\alpha) &= \frac{1}{2}\langle w \cdot w \rangle - \sum_{i=1}^{l} \alpha_i \left[y_i \left(\langle w \cdot x_i \rangle + b \right) - 1 \right] \\ &= \sum_{i=1}^{l} \alpha_i - \frac{1}{2} \sum_{i,j=1}^{l} y_i y_j \alpha_i \alpha_j \langle x_i \cdot x_j \rangle \end{aligned} \tag{7-7}$$

所以上面展示了命题 7.2 的主要部分，它沿着命题 7.1 进行。

命题 7.2 考虑一个线性可分训练样本

$$S = ((x_1, y_1), \cdots, (x_l, y_l))$$

并假定参数 α^* 是下面的二次优化问题的解：

$$\begin{aligned} \mathrm{max\,imize} \quad & W(\alpha) = \sum_{i=1}^{l} \alpha_i - \frac{1}{2} \sum_{i,j=1}^{l} y_i y_j \alpha_i \alpha_j \langle x_i \cdot x_j \rangle \\ \mathrm{subject \quad to} \quad & \sum_{i=1}^{l} y_i \alpha_i = 0 \\ & \alpha_i \geqslant 0 \quad i = 1, \cdots, l \end{aligned} \tag{7-8}$$

则权重向量 $w^* = \sum_{i=1}^{l} y_i \alpha_i^* x_i$ 实现了几何间隔为

$$\gamma = \frac{1}{\|w^*\|_2} \tag{7-9}$$

KKT（karush-kuhn-tucker）互补条件提供了关于解的结构的有用信息。条件要求最优解必须满足：

$$\alpha_i^* \left[y_i \left(\langle w^* \cdot x_i \rangle + b^* \right) - 1 \right] = 0 \quad i = 1, ..., l \tag{7-10}$$

式（7-10）成立的情况有两种：第一种情况意味着该数据实例不在正负超平面上；第二种意味着该数据实例在正负超平面上。因此在权重向量的表达式中，仅包含这些距离超平面最近的点，这也是该方法称为 SVM 的原因。图 7-1 采用"×"标记支持向量。

这样优化超平面就可以在对偶表示中用参数子集来表示：

$$\begin{aligned} f(x, \alpha^*, b^*) &= \sum_{i=1}^{l} y_i \alpha_i^* \langle x_i \cdot x \rangle + b^* \\ &= \sum_{i \in sv} y_i \alpha_i^* \langle x_i \cdot x \rangle + b^* \end{aligned} \tag{7-11}$$

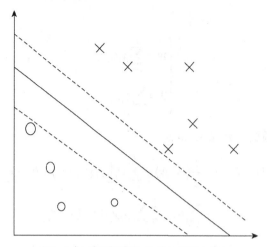

图 7-1　支持向量的最大间隔超平面

与各数据实例相关的拉格朗日乘子则变为对偶变量，而且给予其一个直观的说明，并给出了各训练点在结果中的重要作用。相似的意义可以在感知机器的学习算法的对偶解中发现，在这种情况下，对偶变量与训练中假设给定点的错误次数成比例。

KKT 互补条件的另一个重要结果在于对 $j \in sv$：

$$y_j f(x_j, \alpha^*, b^*) = y_j \left(\sum_{i \in sv} y_j \alpha_i^* \langle x_i \cdot x_j \rangle + b^* \right) = 1 \tag{7-12}$$

所以有以下命题。

命题 7.3　考虑一个线性可分的训练样本：

$$S = ((x_1, y_1), \cdots, (x_l, y_l))$$

假定参数 α^* 和 b^* 是对偶优化问题的解，则权重向量 $w = \sum_{i=1}^{l} y_i \alpha_i^* x_i$ 实现了几何间隔为

$$\gamma = \frac{1}{\|w\|_2} = \left(\sum_{i \in sv} \alpha_i^* \right)^{-1/2} \tag{7-13}$$

的最大间隔超平面。

对偶目标函数和决策函数有一个显著的特性，就是数据仅出现在内积中。就像在命题 7.4 中，使用核技巧能够在特征空间中找到并使用超平面。

命题 7.4　考虑一个训练样本：

$$S = ((x_1, y_1), \cdots, (x_l, y_l))$$

它在核函数 $K(x, z)$ 隐式定义的特征空间中是线性可分的，假定参数 α^* 和 b^* 是下面的二次优化问题的解：

$$\begin{aligned} \text{max imize} \quad & W(\alpha) = \sum_{i=1}^{l} \alpha_i - \frac{1}{2} \sum_{i,j=1}^{l} y_i y_j \alpha_i \alpha_j K \langle x_i \cdot x_j \rangle \\ \text{subject to} \quad & \sum_{i=1}^{l} y_i \alpha_i = 0 \\ & \alpha_i \geqslant 0 \quad i = 1, \cdots, l \end{aligned} \tag{7-14}$$

则决策规则由 $sgn(f(x))$ 给出，这里 $f(x)$ 等价于核 $K(x,z)$ 隐式定义的特征空间中的最大间隔超平面，并且超平面有几何间隔：

$$\gamma = \left(\sum_{i \in sv} \alpha_i^* \right)^{-1/2} \tag{7-15}$$

注意：核函数满足 Mercer 定理的要求等价于项为 $(K(x_i, x_j))_{i,j=1}^l$ 的矩阵在所有训练集上是正定的要求。因此这意味着优化问题是凸的。因为矩阵 $(y_i y_j K(x_i, x_j))_{i,j=1}^l$ 也是正定的。所以定义特征空间的核函数时要确保最大间隔优化问题能得到唯一最优解，避免在人工神经网络训练过程中所遇到的局部最优问题。

最优化理论显示原始目标总是比对偶目标的值要大。既然正在考虑的问题在最优解上没有对偶间隙。因而可以使用原始值和对偶值的任意差别作为收敛的标示。这种差别称为可行间隙。令 $\hat{\alpha}$ 是对偶变量的当前值。权重向量可以通过设置拉格明日函数的偏导为 0 来计算，给定 $\hat{\alpha}$ 最小化可以得到权重向量 $\hat{w}$ 的当前值。因此，差别可以计算如下：

$$\begin{aligned} W(\hat{\alpha}) - \frac{1}{2}\|\hat{w}\|^2 &= L(\hat{w}, b, \hat{\alpha}) - \frac{1}{2}\|\hat{w}\|^2 \\ &= \sum_{i=1}^l \hat{\alpha}_i - \sum_{i,j=1}^l \hat{\alpha}_i y_i y_j \hat{\alpha}_j \langle x_j, x_i \rangle \end{aligned} \tag{7-16}$$

式（7-16）是 KKT 互补条件的加和相反数，其前提是需要满足问题的原始约束。注意：这对应着原始解和对偶解的差，前提是 $\hat{w}$ 满足原始约束，即假定对所有 i 有 $y_i(<\hat{w} \cdot x_i> + b) \geqslant 1$，这等价于：

$$y_i \left(\sum_{j=1}^l y_j \hat{\alpha}_j < x_j \cdot x_i > + b \right) \geqslant 1 \tag{7-17}$$

在实践中，式（7-17）然而它不能保证一定成立，所以在最大间隔情况下可行间隙不能直接计算得出。在某种软间隔情况下，可行间隙是可以估计的。

当仅有拉格朗日乘子的某个子集是非零时，称为稀疏性，这意味着支持向量包括了重构超平面的所有必要信息。即使移除其他点，仍然可以为剩余的支持向量子集找到相同的最大间隔超平面。同样，在对应的对偶问题中也可以看出，去除非支持向量的行和列，对剩余的子矩阵仍存在相同的最优化问题。因此，最优解保持不变。最大间隔超平面是一个压缩方案，既然给定了支持向量的子集，可以重构能正确分类整个训练集的最大间隔超平面。

最大间隔分类器没有试图控制支持向量的数目，但实践中通常只有很少的支持向量。解的稀疏性也促使产生了很多实现技术来处理大的数据集。

最大间隔算法只有一个自由度，这就要求选取合适的模型。通过对该问题的全部先验知识，可以帮助选取一个参数化的核函数，模型选择问题就转化为调整参数的问题。对各类型的核函数，如高斯核函数，通过控制参数来调整数据点间的相似度从而让数据更容易被简单超平面所划分开。但强制分离数据会造成过度拟合，特别是在有噪声的情况下。在这个例子中，拉格朗日乘积一般都是非常大的，所以可以按照困难程度来对训练数据进行分类，将较难分类的数据剔除。

7.1.2 软间隔优化

在实际情况中，完全线性可分的样本是很少的，如果遇到了不能够完全线性可分的样本，将难以进行下一步操作，于是就有了软间隔，相比于硬间隔的苛刻条件，软间隔允许个别样本点出现在间隔带里面，允许部分样本点不满足约束条件：

$$1 - y_i(w^\mathrm{T}x_i + b) \leqslant 0 \tag{7-18}$$

软间隔的目的是在间隔距离和容错大小间找到一个平衡，为了度量这个软间隔的程度，我们为每个样本引入一个松弛变量 ξ_i，令 $\xi_i \geqslant 0$，且 $1 - y_i(w^\mathrm{T}x_i + b) - \xi_i \leqslant 0$。如图 7-2 所示。

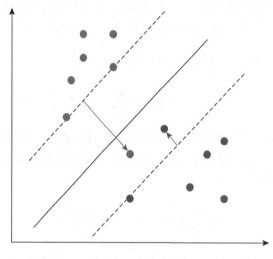

图 7-2 松弛变量

增加软间隔后，优化目标就变成了：

$$\min_{w} \frac{1}{2}\|w\|^2 + C\sum_{i=1}^{m}\xi_i \tag{7-19}$$

$$\text{s.t.} \quad g_i(w,b) = 1 - y_i(w^\mathrm{T}x_i + b) - \xi_i \leqslant 0, \quad \xi_i \geqslant 0, i = 1,2,\cdots,n$$

其中 C 是一个大于 0 的常数，可以理解为错误样本的惩罚程度，若 C 为无穷大，ξ_i 必然无穷小，如此一来线性 SVM 就又变成了线性可分 SVM。

接下来我们将针对新的优化目标求解最优化问题：

首先，构造拉格朗日函数：

$$\min_{w,b,\xi} \max_{\lambda,\mu} L(w,b,\xi,\lambda,\mu) = \frac{1}{2}\|w\|^2 + C\sum_{i=1}^{m}\xi_i + \sum_{i=1}^{n}\lambda_i[1 - \xi_i - y_i(w^\mathrm{T}x_i + b)] - \sum_{i=1}^{n}\mu_i\xi_i \tag{7-20}$$

$$\text{s.t.} \quad \lambda_i \geqslant 0, \quad \mu_i \geqslant 0$$

其中 λ_i 和 μ_i 是拉格朗日乘子，w,b 和 ξ_i 是主问题参数。

根据强对偶性，将对偶问题转换为

$$\max_{\lambda,\mu} \min_{w,b,\xi} L(w,b,\xi,\lambda,\mu) \tag{7-21}$$

然后，分别对主问题参数 w,b 和 ξ_i 求偏导，并令偏导数为 0，可得

$$w = \sum_{i=1}^{m} \lambda_i y_i x_i$$

$$0 = \sum_{i=1}^{m} \lambda_i y_i \tag{7-22}$$

$$C = \lambda_i + \mu_i$$

将这些关系代入拉格朗日函数中，得到

$$\min_{w,b,\xi} L(w,b,\xi,\lambda,\mu) = \sum_{j=1}^{n} \lambda_i - \frac{1}{2}\sum_{i=1}^{n}\sum_{j=1}^{n} \lambda_i \lambda_j y_i y_j (x_i \cdot x_j) \tag{7-23}$$

最小化结果只有 λ 而没有 μ，所以现在只需要最大化 λ：

$$\max_{\lambda}\left[\sum_{j=1}^{n} \lambda_i - \frac{1}{2}\sum_{i=1}^{n}\sum_{j=1}^{n} \lambda_i \lambda_j y_i y_j (x_i \cdot x_j) \right] \tag{7-24}$$

$$\text{s.t.} \quad \sum_{i=1}^{n} \lambda_i y_i = 0, \lambda_i \geqslant 0, \; C - \lambda_i - \mu_i = 0$$

此时，可以看出与硬间隔相比，只是多了个约束条件。

然后利用序列最小优化算法（sequential minimal optimization，SMO）求解得到了拉格朗日乘子 λ^*。

最后，通过以下两个公式求取 w 和 b，最终求得超平面 $w^{\mathrm{T}}x + b = 0$。

$$\begin{cases} w = \sum_{i=1}^{m} \lambda_i y_i x_i \\ b = \frac{1}{|S|}\sum_{s \in S}(y_s - w x_s) \end{cases} \tag{7-25}$$

7.1.3 线性规划 SVM

如果不使用间隔分布上的泛化界，还可以尝试使用其他偏置，例如样本压缩界，这样的算法不考虑间隔分布，会使计算量增多。为了降低计算复杂度，计算过程中令间隔为 1，并引入松弛变量，所得线性优化问题如下所示：

$$\text{minimize} \quad L(\alpha,\xi) = \sum_{i=1}^{l} \alpha_i + C\sum_{i=1}^{l} \xi_i$$

$$\text{subject to} \quad y_i\left(\sum_{j=1}^{l} \alpha_i \langle x_i, x_j \rangle + b \right) \geqslant 1 - \xi_i \tag{7-26}$$

$$\alpha_i \geqslant 0, \; \xi_i \geqslant 0, \; i = 1, 2, \cdots, l$$

这种类型的方法与标准 SVM 定义中的二阶范数最大间隔无关。它的优点在于只需要求解一个线性规划问题，计算复杂程度大大降低。这种类型的方法也可以运用核函数来得到隐式特征空间。

7.2 SVM 回归

支持向量的方法也可以应用到回归问题中，其保留了最大间隔算法的主要特征：非线性函数可以通过核函数特征空间中的线性学习器获得，同时系统的容量由与特征空间维数不相关的参数控制。同分类算法一样，学习算法要最小化一个凸函数，并且它的解是稀疏的。

与分类算法的思路一样，这里的算法也需要优化回归泛化界。这就需要定义一个损失函数，它可以忽略真实值某个上下范围内的误差。这种类型的函数也就是 ε 不敏感损失函数。

损失函数有许多合理的选择，它的解以函数的最小化为特征。探讨 ε 不敏感损失函数的另一个动机如同分类 SVM 一样，它可以确保对偶变量的稀疏性。使用不敏感损失函数可以保证求解计算难度大幅度降低，同时可以确保存在全局最小解和可靠泛化界。

7.2.1 ε 不敏感损失函数

线性回归器的泛化界以权重向量的范数和松弛变量的二阶和一阶范数表示。ε 不敏感损失函数等价于这些松弛变量。

定义 7.1 （线性）ε 不敏感损失函数 $L^\varepsilon(x,y,f)$ 定义为

$$L^\varepsilon(x,y,f) = \left|y-f(x)\right|_\varepsilon = \max(0,\left|y-f(x)\right|-\varepsilon) \tag{7-27}$$

这里 f 是域 X 上的实值函数，$x \in X$ 并且 $y \in R$，类似的，二次 ε 不敏感损失函数由式（7-28）给出：

$$L_2^\varepsilon(x,y,f) = \left|y-f(x)\right|_\varepsilon^2 \tag{7-28}$$

如果将这个损失函数与松弛向量作比较，可以发现：

$$\xi((x_i,y_i),f,\theta,\gamma) = L^{\theta-\gamma}(x_i,y_i,f) \tag{7-29}$$

如图 7-3 与图 7-4 所示，$y-f(x)$ 在 ε 为 0 和非 0 时，线性和二次 ε 不敏感损失函数的形式。

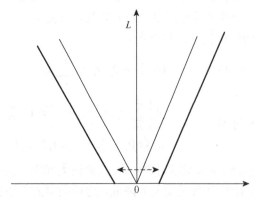

图 7-3 　ε 为 0 或非 0 所对应的线性 ε 不敏感损失函数

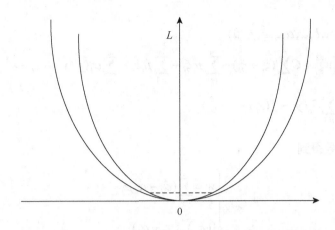

图 7-4　ε 为 0 或非 0 所对应的二次 ε 不敏感损失函数

7.2.2　SVR 实现原理及过程

支持向量回归（support vector regression，SVR）是支持向量和在回归问题上的应用模型。给定训练数据 $D = \{(x_1, y_1), (x_2, y_2), \cdots, (x_m, y_m)\}$，得一个回归模型 $f(x) = w^{\mathrm{T}} x + b$ 使得 $f(x)$ 与 y 尽可能接近，w 和 b 是模型参数。

对于样本 (x, y) 传统回归模型通常直接基于模型输出 $f(x)$ 与真实输出 y 之间的差别来计算损失，当且仅当 $f(x)$ 与 y 完全一样时，损失才为 0。与传统回归模型不同，SVR 假设 $f(x)$ 与 y 之间最多有 ε 的误差，仅当 $f(x)$ 与 y 之间的差的绝对值大于 ε 时计算误差。

于是，SVR 问题可表示为

$$\min_{w,b} \frac{1}{2} \|w\|^2 + C \sum_{i=1}^{m} l_\varepsilon (f(x_i) - y_i) \tag{7-30}$$

C 为正则化常数，l_ε 为

$$l_\varepsilon(z) = \begin{cases} 0, & |z| < \varepsilon \\ |z| - \varepsilon, & \text{其他} \end{cases} \tag{7-31}$$

引入松弛变量 ξ_i 和 $\hat{\xi}_i$，将上式重写：

$$
\begin{aligned}
& \min_{w,b,\xi_i,\hat{\xi}_i} \frac{1}{2} \|w\|^2 + C \sum_{i=1}^{m} (\xi_i + \hat{\xi}_i) \\
& \text{s.t.} \quad f(x_i) - y_i \leqslant \varepsilon + \xi_i \\
& \qquad y_i - f(x_i) \leqslant \varepsilon + \hat{\xi}_i \\
& \qquad \xi_i \geqslant 0, \quad \hat{\xi}_i \geqslant 0, \quad i = 1, 2, \cdots, m
\end{aligned}
\tag{7-32}
$$

引入拉格朗日乘子 $\mu_i \geqslant 0, \hat{\mu}_i \geqslant 0, \alpha \geqslant 0, \hat{\alpha} \geqslant 0$，得到下面的拉格朗日函数：

$$L(w,b,\alpha,\hat{\alpha},\xi,\hat{\xi},\mu,\hat{\mu})$$

$$=\frac{1}{2}\|w\|^2 + C\sum_{i=1}^{m}(\xi_i+\hat{\xi}_i) - \sum_{i=1}^{m}\mu_i\xi_i - \sum_{i=1}^{m}\hat{\mu}_i\hat{\xi}_i + \sum_{i=1}^{m}\alpha_i(f(x_i)-y_i-\varepsilon-\xi_i) \tag{7-33}$$

$$+\sum_{i=1}^{m}\hat{\alpha}_i(y_i-f(x_i)-\varepsilon-\hat{\xi}_i)$$

同样是求偏导得到

$$\begin{cases} w=\sum_{i=1}^{m}(\hat{\alpha}_i-\alpha_i)x_i \\ 0=\sum_{i=1}^{m}(\hat{\alpha}_i-\alpha_i) \\ C=\alpha_i+\mu_i \\ C=\hat{\alpha}_i+\hat{\mu}_i \end{cases} \tag{7-34}$$

即 SVR 对偶问题：

$$\max_{\alpha,\hat{\alpha}}\sum_{i=1}^{m}y_i(\hat{\alpha}_i-\alpha_i)-\varepsilon(\hat{\alpha}_i+\alpha_i)$$

$$-\frac{1}{2}\sum_{i=1}^{m}\sum_{j=1}^{m}(\hat{\alpha}_i-\alpha_i)(\hat{\alpha}_j-\alpha_j)x_i^{\mathrm{T}}x_j \tag{7-35}$$

$$\text{s.t.} \sum_{i=1}^{m}(\hat{\alpha}_i-\alpha_i)=0$$

$$0\leqslant\hat{\alpha}_i,\ \alpha_i\leqslant C$$

上述过程满足的 KKT 互补条件：

$$\begin{cases} \alpha_i(f(x_i)-y_i-\varepsilon-\xi_i)=0 \\ \hat{\alpha}_i(y_i-f(x_i)-\varepsilon-\hat{\xi}_i)=0 \\ \alpha_i\hat{\alpha}_i=0,\ \xi_i\hat{\xi}_i=0 \\ (C-\alpha_i)\xi_i=0,\ (C-\hat{\alpha}_i)\hat{\xi}_i=0 \end{cases} \tag{7-36}$$

可以看出当且仅当 $f(x_i)-y_i-\varepsilon-\xi_i=0$ 时 $\hat{\alpha}_i$ 能取非零值，当且仅当 $y_i-f(x_i)-\varepsilon-\hat{\xi}_i=0$ 时 $\hat{\alpha}_i$ 取非零值。换言之，仅当样本不落入 ε 间隔带中，相应的 α_i 和 $\hat{\alpha}_i$ 才能取非零值。此外，约束 $f(x_i)-y_i-\varepsilon-\xi_i=0$ 和 $y_i-f(x_i)-\varepsilon-\hat{\xi}_i=0$ 不能同时成立，所以 α_i 和 $\hat{\alpha}_i$ 至少一个为 0。

SVR 的解如下：

$$f(x)=\sum_{i=1}^{m}(\hat{\alpha}_i-\alpha_i)x_i^{\mathrm{T}}x+b$$

能使上式中的 $(\hat{\alpha}_i-\alpha_i)\neq 0$ 的样本即为 SVR 的支持向量，他们落在 ε 的间隔带之外，

这时候，SVR 的支持向量仅是训练样本的一部分，即其解仍具有稀疏性。

由 KKT 互补条件看出，对每个样本都有 $(C-\alpha_i)\xi_i=0$ 且 $\alpha_i(f(x_i)-y_i-\varepsilon-\xi_i)=0$。于是在得到 α_i 后，若 $0<\alpha_i<C$，则必有 $\xi_i=0$，进而有 $b=y_i+\varepsilon-\sum_{j=1}^{m}(\hat{\alpha}_j-\alpha_j)x_j^{\mathrm{T}}x_i$。

与 SVM 算出 b 一样，实践中采用更优的办法：选取多个或所有满足条件 $0<\alpha_i<C$ 的样本求解 b 后取平均值。

同样也可以引进核技巧，把 x 用 $\varphi(x)$ 代替，得到最终模型：

$$f(x)=\sum_{i=1}^{m}(\hat{\alpha}_i-\alpha_i)\varphi(x_i)^{\mathrm{T}}\varphi(x_i)+b \tag{7-37}$$

7.3 SVM 实例应用

本节将运用 Python 来实现 SVM，使用的数据集为 Iris.data 可从 UCI 数据库中下载，http://archive.ics.uci.edu/ml/datasets/Iris。

Iris.data 的数据格式如下：共 5 列，前 4 列为样本特征，第 5 列为类别，分别有 Iris-setosa，Iris-versicolor，Iris-virginica 三种类别。注意：因为在分类中类别标签必须为数字量，所以应将 Iris.data 中的第 5 列的类别（字符串）转换为 num。

1. 导入 SVM 模块

首先在使用 SVM 时，需要从 sklearn 包中导入 SVM 模块。
```
form sklearn import svm
```

2. 读取数据集

对下载好的数据集进行读取。
```
path='F:/Python_Project/SVM/data/Iris.data'
data=np.loadtxt(path,dtype=float,delimiter=',',converters={4:
Iris_label})
```

3. 划分训练样本和测试样本

将数据集进行划分，分为训练样本和测试样本。
```
x,y=np.split(data,indices_or_section=(4,),axis=1)
x=x[:,0:2]
train_data,test_data,train_label,test_label=train_test_split
(x,y,random_state=1,train_size=0.6,test_size=0.4)
```

4. 训练 SVM 分类器

kernel = 'rbf' 时（default），为高斯核，gamma 值越小，分类界面越连续；gamma 值越大，分类界面越 "散"，分类效果越好，但有可能会过拟合。

```
Classifier=svm.SVC(C=2,kernel='rbf',gamma=10,decision_function_
shape='ovo')
Classifier.fit(train_data,train_label.ravel())
```

5. 计算分类准确率

接下来，对 SVC 分类器的准确率进行计算。

```
print("训练集:",classifier.score(train_data,train_label))
print("测试集:",classifier.score(test_data,test_label))
```

6. 绘制图形

```
x1_min,x1_max=x[:,0].min(),x[:,0].max()
x2_min,x2_max=x[:,1].min(),x[:,1].max()
x1,x2=np.mgrid[x1_min:x1_max:200j,x2_min:x2_max:200j]   # 生成
网络采样
grid_test=np.stack((x1.flat,x2.flat),axis=1)# 测试点
# 指定默认字体
matplotlib.rcParams['font.sans-serif']=['SimHei']
# 设置颜色
cm_light=matplotlib.colors.ListedColormap(['#A0FFA0','#FFA0A0',
'#A0A0FF'])
cm_dark=matplotlib.colors.ListedColormap(['g','r','b'])
grid_hat=classifier.predict(grid_test)# 预测分类值
grid_hat=grid_hat.reshape(x1.shape)# 使之与输入的形状相同
plt.pcolormesh(x1,x2,grid_hat,cmap=cm_light)# 预测值的显示
plt.scatter(x[:,0],x[:,1],c=y[:,0],s=30,cmap=cm_dark)# 样本
plt.scatter(test_data[:,0],test_data[:,1],c=test_label[:,0],
s=30,edgecolors='k',zorder=2,cmap=cm_dark)# 圈中测试集样本点
plt.xlabel('花萼长度',fontsize=13)
plt.ylabel('花萼宽度',fontsize=13)
plt.xlim(x1_min,x1_max)
plt.ylim(x2_min,x2_max)
plt.title('鸢尾花 SVM 二特征分类')
plt.show()
```

所有样本点分类结果如图 7-5 所示（测试点已用黑边圈出）。

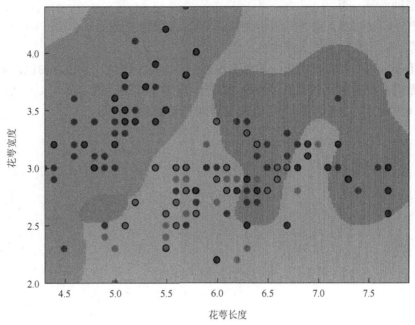

图 7-5　分类结果

习　题

1. 简述 SVM 的基本思想。

2. 什么是支持向量？

3. 使用 SVM 时，为什么要对输入值进行缩放？

4. 如果训练集有上千万个实例和几百个特征，你应该使用 SVM 原始问题还是对偶问题来训练模型？

5. 假设你用 RBF 核训练了一个 SVM 分类器，看起来似乎对训练集拟合不足，你应该提升还是降低 γ？ C 呢？

实 践 练 习

使用 SVM 监测蘑菇是否有毒？使用的数据集：https://archive.ics.uci.edu/ml/datasets/mushroom。

按照网站所提供，蘑菇总共分 8 个属性及其各成员属性值为：

（1）帽形：钟状，圆锥状，凸状平坦状，圆头状，凹陷状

（2）帽面：纤维状，凹槽状，鳞状，平滑

（3）帽色：褐色，浅黄色，黄褐色，灰白色，白色

（4）消肿：是，否

（5）气味：杏仁味，茴香，木榴油味，无味，刺激性气味

（6）茎秆：逐渐加大，尖端细的

（7）孢子-印记-色彩：黑色，褐色，浅黄色，棕色，绿色，紫色，白色，黄色

（8）数目：丰富的，群集的，为数众多的，分散的，唯一的

根据属性值进行编码，并使用 SVM 模型监测蘑菇是否有毒。

第 8 章

关联规则分析

在数据挖掘中，关联规则分析是探索事物之间是否存在某种规律的知识模式，能够辅助决策者做出的科学决策，在现实中应用广泛。例如超市的前端收款机中存储着大量的商品交易数据，这些数据就是多条购买事务记录，每条记录都包含着事务处理事件、商品种类及商品数量等信息。在这些数据中，通常会隐藏着如下的关联规则：在购买纸尿裤的顾客中，有占比相当大的顾客同时购买了啤酒，这些规则蕴含巨大价值，商场人员可以根据这些规则调整销售思路，进而获取利润。

8.1　关联规则分析概述

数据之间的关联是数据库中两个或多个变量的取值之间存在的某种规律。关联规则分析的目的是要找出数据库中隐藏的关联网。

关联规则分析挖掘大量数据中项集与项集之间存在的有趣的关联，是数据挖掘中重要的研究课题，近年来被业界广泛研究并投入实际应用。应用关联规则分析进行数据挖掘的一个典型例子是购物篮分析，即利用关联规则发现交易数据库中不同的商品之间的联系，由此找出顾客的购买行为规律，例如分析顾客购买某一商品对其他商品销量的影响，分析结果被应用于对商品货架进行布局，安排存货，以及根据顾客购买模式对顾客进行分类。

阿格拉瓦尔（Agrawal）等在 1993 年首次提出了挖掘顾客交易数据库中的数据，找出数据库项集之间的关联规则，由此开启了对关联规则进行研究的大门，涌现出了大量成果，包括对原有算法进行优化，例如引入并行、随机采样等思想，以此提高挖掘算法的效率。目前关联规则分析可以应用于网页挖掘、数据分析，以及生物信息学等领域。

不同的学者对于关联规则有着不同的定义。韩家炜等认为关联规则挖掘就是挖掘大量数据中项集之间的关联或者相关关系。而邵峰晶等对关联规则下的定义是：关联规则挖掘是挖掘交易数据库中不同商品之间的联系。无论具体定义是什么，关联规则的实质挖掘是从数据集中挖掘出不同事务之间的联系。

8.1.1　关联规则基本概念

1. 事务

事务是指在一次交易中发生的所有项目的集合，每个事务都有唯一标识的 id。事务数据指由一系列具有唯一标识的事物组成的集合，是关联规则挖掘的对象。事物的宽度指的是事物中出现项的个数。

2. 项

事务数据库中的一个属性字段，具有一定的取值范围。例如超市中的 Mango 等特定商品。

3. 项集

0 个或多个项的集合。例如：{Mango，Banana，Graper}。

4. k-项集

包含 k 个项的集合。例如{计算机、软件}是一个 2-项集。

5. 支持度

支持度指该规则代表的事例占全部事例的百分比。例如，既买啤酒又买纸尿裤的顾客占全部顾客的比例。支持度计数指的是包含特定项集的事务个数。

6. 频繁项集

满足最小支持度阈值的所有项集。

8.1.2　关联规则度量及基本过程

1. 度量指标

关联规则表达式的形式类似于 $X \rightarrow Y$，其中 X 与 Y 是不相交的项集。例如：{Mango，Banana}$\rightarrow${Graper}。

关联规则分析中的支持度与置信度用于度量关联规则的强度。

● 支持度（support）确定项集的频繁程度。

$$s(X \rightarrow Y) = \frac{\sigma(X \cup Y)}{N} \tag{8-1}$$

● 置信度（confidence）确定 Y 包含 X 的事务中出现的频繁程度。

$$c(X \rightarrow Y) = \frac{\sigma(X \cup Y)}{\sigma(X)} \qquad (8\text{-}2)$$

- 提升度（lift）。

$$l(X \rightarrow Y) = \frac{s(X \cup Y)}{s(X)s(Y)} \qquad (8\text{-}3)$$

例如，利用表 8-1 中的数据求指定规则的支持度与置信度。

表 8-1　数据集

TID	Items
1	Mango，Banana
2	Mango，Banana，Grape，Pear
3	Banana，Pear，Peach，Grape
4	Mango，Banana，Grape，apple

规则为{ Mango，Banana}→Graper

支持度

$$s = \frac{\sigma(\text{Mango, Banana, Grape})}{|T|} = \frac{2}{4} = 0.5 \qquad (8\text{-}4)$$

置信度

$$c = \frac{\sigma(\text{Mango, Banana, Grape})}{\sigma(\text{Mango, Banana})} = \frac{2}{3} = 0.67 \qquad (8\text{-}5)$$

2. 关联规则挖掘的过程

关联规则挖掘原理：关联规则发现是指找出在给定事务集合 T 中支持度大于等于 minsup，并且置信度大于等于 minconf 的所有规则，minsup 和 minconf 是支持度和置信度的阈值。

挖掘关联规则的一种原始方法是：计算每个可能规则的支持度与置信度，但是这种方法从数据集中提取的规则数量可能达到指数级，计算代价太高。例如，从包含 a 个项的数据集中提取的关联规则的总数 $S = 3^a - 2^{a+1} + 1$，如果 $a = 7$，那么 $S = 1932$，因此要付出巨大的计算代价。

针对这个问题，大多数的关联规则挖掘算法采用的是另一种策略，即将关联规则分解为两个子任务：①找出所有频繁项集。其目的是找出所有满足最小支持度阈值的项集，这些项集也就是频繁项集；②由频繁项集产生强关联规则。其目的是从①发现的频繁项集中提取所有具有高置信度的规则，也叫强规则。其中，第①步也称为频繁项集的产生，遵循特殊的规律和方法。

频繁项集产生的方法叫蛮力（brute-force）方法，其产生的过程是：①将格结构中的每个项集都看作候选项集，如图 8-1 格结构表示集合{A, B, C, D}中所有可能项集的组合；②将每个候选项集都与每个事务比较，计算每个候选项集的支持度计数。

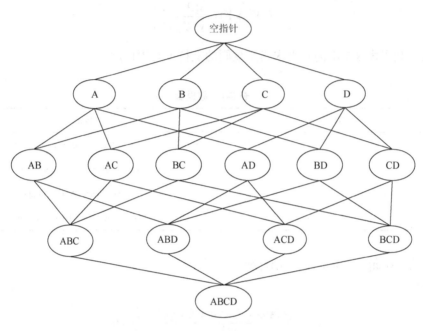

图 8-1　格结构

8.2　关联规则分类

关联规则依据规则涉及的抽象层层数可以分为：①单层关联规则；②多层关联规则。其中多层关联规则是指在不同的抽象层发现关联规则。

对于关联挖掘的扩充包括以下三种方法。

（1）挖掘最大频繁模式。该模式中，所有频繁项集的超集都是非频繁的。

（2）挖掘频繁闭项集。

（3）最大频繁模式和频繁闭项集可以用于减少挖掘中产生的频繁项集。

8.2.1　单层关联规则——频繁项集的产生

在单层关联规则中，利用格结构产生频繁项集的方式需要花费巨大的代价，为了解决这个问题，多种挖掘频繁项集的算法被提出。

1. Apriori 算法

Apriori 算法的目的是挖掘布尔关联规则频繁项集，算法利用 Apriori 性质，频繁项集的所有非空子集也必须是频繁的。

算法原理：利用频繁项集性质的先验知识，逐层探索迭代，即将 k-项集用于探索$(k+1)$-项集来穷尽数据集中的所有频繁项集。算法步骤见表 8-2：

表 8-2　Apriori 算法步骤

Apriori 算法产生频繁项集

Step　1:　$k=1$

Step　2:　$F_k = \{i | i \in I \wedge \sigma(\{i\}) \geq N * \min \sup\}$（目的是发现所有频繁 1-项集）

Step　3:　repeat

Step　4:　　$k = k+1$

Step　5:　　$C_k = \text{apriori} - \text{gen}(F_{k-1})$（产生候选项集）

Step　6:　　for 每个事务 $t \in T$ do

Step　7:　　　$C_t = \text{subsett}(C_k, t)$（识别所有属于 t 的候选）

Step　8:　　　for 每个候选集 $c \in C_t$ do

Step　9:　　　　$\sigma(c) = \sigma(c) + 1$（支持度计算增值）

Step　10:　　end for

Step　11:　end for

Step　12:　　$F_k = \{c | c \in C_k \wedge \sigma(c) \geq N * \min \sup\}$（提取频繁 k-项集）

Step　13: until $F_k = \varnothing$

Step　14:　result $= \cup F_k$

Apriori 算法的特点包括以下三方面。

（1）该算法是一个逐层算法。从频繁 1-项集到最长的项集，每次遍历项集格中的一层。

（2）使用产生—测试机制发现频繁项集。每次迭代中新的候选项集均由前一次迭代发现的频繁项集产生，再对每个候选项集的支持度计数，同时与最小支持度阈值比较。

（3）该算法需要的总迭代次数为 $k_{\max} + 1$，其中 $k_{\max}$ 是频繁项集的最大长度。

表 8-3 列举了一个实例来说明基于 Apriori 算法发现所有频繁项集，生成关联规则的过程。发现以下事务中的频繁关联规则，其中最小支持度为 50%，最小置信度为 70%。

表 8-3　项目集

事务	项目集
1	香蕉，杧果，葡萄，梨
2	香蕉，杧果，葡萄
3	葡萄，梨
4	香蕉，杧果，苹果

（1）生成候选频繁 1-项目集 $C1$，$C1 = \{\{香蕉\}, \{杧果\}, \{葡萄\}, \{苹果\}, \{梨\}\}$。

（2）扫描数据库，计算 $C1$ 中每个项目集在数据库中的支持度。从表 8-3 中数据可得，每个项目集的支持数分别为 3，3，3，1，2，数据库中项目集总数为 4，因此 $C1$ 中每个项目集的支持度为：$\frac{3}{4}=75\%$，$\frac{3}{4}=75\%$，$\frac{3}{4}=75\%$，$\frac{1}{4}=25\%$，$\frac{2}{4}=50\%$（以下步骤中支持度计算同理）。由于最小支持度为50%，所以频繁1-项目集 $L1$ = {{香蕉}，{杧果}，{葡萄}，{梨}}。

（3）根据 $L1$ 生成候选频繁2-项目集 $C2$，$C2$ = {{香蕉，杧果}，{香蕉，葡萄}，{香蕉，梨}，{杧果，葡萄}，{杧果，梨}，{葡萄，梨}}。

（4）第二次扫描数据库，计算 $C2$ 中每个项目集在数据库中的支持度。从表中可知，数据库中的项目集总数为4，因此 $C2$ 中每个项目集的支持度分别为75%，50%，25%，50%，25%，50%。由于最小支持度为50%，可得出频繁2-项目集 $L2$ = {{香蕉，杧果}，{香蕉，葡萄}，{杧果，葡萄}，{葡萄，梨}}。

（5）根据 $L2$ 生成候选频繁3-项目集 $C3$，$C3$ = {{香蕉，杧果，葡萄}，{香蕉，杧果，梨}，{香蕉，葡萄，梨}，{杧果，葡萄，梨}}，由于其中{香蕉，杧果，梨}中的子集{杧果，梨}是 $L2$ 不存在的，所以去除。同理{香蕉，葡萄，梨}、{杧果，葡萄，梨}也可以去除，因此 $C3$ = {香蕉，杧果，葡萄}。

（6）对数据库进行第三次扫描，计算 $C3$ 中每个项目集的支持度。从数据库中可知每个项目集的支持数为2，数据库中项目集总数为4，因此 $C3$ 中每个项目集的支持度分别为50%。最小支持度为50%，所以频繁3-项目集 = {{香蕉，杧果，葡萄}}。

（7）$L = L1 \cup L2 \cup L3$ = {{香蕉}，{杧果}，{葡萄}，{梨}，{香蕉，杧果}，{香蕉，葡萄}，{杧果，葡萄}，{葡萄，梨}，{香蕉，杧果，葡萄}}。

（8）考虑项目集长度大于1的项目集，例如{香蕉，杧果，葡萄}，它的所有非真子集{香蕉}，{杧果}，{葡萄}，{香蕉，杧果}，{香蕉，葡萄}，{杧果，葡萄}，分别计算关联规则{香蕉}→{杧果，葡萄}，{杧果}→{香蕉，葡萄}，{葡萄}→{香蕉，杧果}，{香蕉，杧果}→{葡萄}，{香蕉，葡萄}→{杧果}，{杧果，葡萄}→{香蕉}的置信度，分别为67%，67%，67%，67%，100%，100%。由于最低的置信度为70%，所以{香蕉，葡萄}→{杧果}，{杧果，葡萄}→{香蕉}为频繁关联规则。其解释为买香蕉和葡萄的同时有极大可能会买杧果，买杧果和葡萄也是有极大可能会买香蕉。

利用 Apriori 算法找到任何["香蕉"，"杧果"，"葡萄"，"梨"]，["香蕉"，"杧果"，"葡萄"]，["葡萄"，"梨"]，["香蕉"，"杧果"，"苹果"]中的频繁项集，程序主要分为两个部分：发现频繁项集和找出关联规则。

代码如下：

```
def loadDataSet():
    return [["香蕉","杧果","葡萄","梨"],["香蕉","杧果","葡萄"],
["葡萄", "梨"],["香蕉","杧果","苹果"]]  #输入待处理的数据集
def createC1(dataSet):
    C1=[]
    for transaction in dataSet:
        for item in transaction:
            if not [item] in C1:
```

```
                        C1.append([item])
                    C1.sort()
                    return list(map(frozenset,C1))
    def scanD(D,CK,minSupport):
        ssCnt={}
            for tid in D:
                for can in CK:
                    if can.issubset(tid):
                        if not can in ssCnt:ssCnt[can]=1
                        else:ssCnt[can]+=1
            numItems=float(len(D))
            retList=[]
            supportData={}
            for key in ssCnt:
                support=ssCnt[key]/numItems
                if support>=minSupport:
                    retList.insert(0,key)
                supportData[key]=support
            return retList,supportData
    #频繁项集两两组合
    def aprioriGen(Lk,k):
        retList=[]
        lenLk=len(Lk)
        for i in range(lenLk):
            for j in range(i+1,lenLk):
                L1=list(Lk[i])[:k-2]; L2=list(Lk[j])[:k-2]
                L1.sort(); L2.sort()
                if L1==L2:
                    retList.append(Lk[i]|Lk[j])
        return retList
    def apriori(dataSet,minSupport=0.5):
        C1=createC1(dataSet)
        D=list(map(set,dataSet))
        L1,supportData=scanD(D,C1,minSupport)
        L=[L1]
        k=2
        while(len(L[k-2])>0):
            CK=aprioriGen(L[k-2],k)
```

```
            Lk,supK=scanD(D,CK,minSupport)
            supportData.update(supK)
            L.append(Lk)
            k+=1
        return L,supportData
        #规则计算的主函数
    def generateRules(L,supportData,minConf=0.7):
        bigRuleList=[]
        for i in range(1,len(L)):
            for freqSet in L[i]:
                H1=[frozenset([item])for item in freqSet]
                if(i>1):
                    rulesFromConseq(freqSet,H1,supportData,
                    bigRuleList,minConf)
                else:
                    calcConf(freqSet,H1,supportData,bigRuleList,
                    minConf)
        return bigRuleList
    def calcConf(freqSet,H,supportData,brl,minConf=0.7):
        prunedH=[]
        for conseq in H:
            conf=supportData[freqSet]/supportData[freqSet-conseq]
            if conf>=minConf:
                print(freqSet-conseq,'--->',conseq,'conf:', conf)
                brl.append((freqSet-conseq,conseq,conf))
                prunedH.append(conseq)
        return prunedH
    def rulesFromConseq(freqSet,H,supportData,brl,minConf=0.7):
        m=len(H[0])
        if(len(freqSet)>(m+1)):
            Hmp1=aprioriGen(H,m+1)
            Hmp1=calcConf(freqSet,Hmp1,supportData,brl,minConf)
            if(len(Hmp1)>1):
            rulesFromConseq(freqSet,Hmp1, supportData,brl, minConf)
if_name_=='_main_':
    dataSet=loadDataSet()
    L,supportData=apriori(dataSet)
    rules=generateRules(L,supportData,minConf=0.7)
```

运行结果如下：

frozenset（{'梨'}）→frozenset（{'葡萄'}）conf：1.0

frozenset（{'杧果'}）→frozenset（{'香蕉'}）conf：1.0

frozenset（{'香蕉'}）→frozenset（{'杧果'}）conf：1.0

上述输出结果为具有强关联规则的项集，三个项集置信度均为1.0，表明在{5}出现的同时会出现{2}，{2}出现同时会出现{5}，{1}出现时会同时出现{3}。

2. 先验原理

如果一个项集是频繁的，那么它的所有子集也一定是频繁的。反之，如果一个是非频繁的，那么它的所有子集也是非频繁的，这就是先验原理。

这种基于支持度度量修剪指数搜索空间的策略称为基于支持度的剪枝，其依赖于支持度度量的一个关键性质，即一个项集的支持度绝对不超过其子集的支持度，这也叫支持度度量的反单调性。

3. 候选的产生与剪枝

候选的产生与剪枝步骤如下。

（1）产生候选项集，由频繁（$k–1$）-项集产生新的候选项集 k-项集。

（2）对候选项集进行剪枝，采用基于支持度的剪枝策略，删除一些候选的 k-项集。

候选项集的产生与剪枝也有以下几种策略。

①蛮力方法。蛮力方法的原理就是将所有的 k-项集全部看作可能的候选，然后采用候选剪枝的方法剪除不必要的候选项集。蛮力方法虽然简单，但是由于必须考察的项集数量太大，所以剪枝产生的开销非常大。

②$F_{k-1} \times F_1$ 方法。这种方法是利用其他频繁项对每个频繁（$k–1$）-项集进行扩展，它将产生 $O(|F_{k-1}| \times |F_1|)$ 个候选 k-项集，其中 $|F_j|$ 代表频繁 j-项集的个数，总复杂度为 $O\left(\sum_k k|F_{k-1}||F_1|\right)$。这种方法的优势在于它是完全的，即所有的频繁 k-项集都是这种方法产生的候选 k-项集的一部分。但是，这种方法也存在缺陷，就是很难避免重复性产生候选项集。

因此，避免重复候选项集的一种方法是保证每个频繁项集中的项都以字典序存储，每个频繁（$k–1$）-项集 a 只用字典序中比 a 中所有项都大的频繁项进行扩展。例如，项集{杧果，梨}可以用项集{苹果}扩展，因为"苹果"在字典序下比"杧果"和"梨"都大。

虽然这种方法相比于蛮力方法已经有明显改进，但是依然会产生大量不必要的候选项集。

③$F_{k-1} \times F_{k-1}$ 方法。仅当一对（$k-1$）-项集的前 $k-2$ 个项都相同时，这种方法可用于合并这一对项集。例如{香蕉，杧果}与{香蕉，葡萄}合并，就形成了候选 3-项集{香蕉，杧果，葡萄}，此算法不会合并{杧果，梨}和{杧果，葡萄}，因为它们的第一个项不同。

但是，这依然不是完美的。因为每个候选均由一对频繁（$k–1$）-项集合并而得，所以需要另外附加候选剪枝的步骤来保证该候选其余 k-2 个子集是频繁的。

4. 支持度计数

支持度计数用于确定在 Apriori-gen 函数的候选剪枝步骤保留下来的每个候选项集出现的频繁程度。

支持度计数的方法如下。

（1）将每个事务与所有的候选项集做比较，更新事务中包含的候选项集的支持度计数。但是这种方法计算花费昂贵。

（2）穷举每个事务包含的项集，利用它们来更新对应的候选项集的支持度。

8.2.2 不产生候选频繁项集的算法

Apriori 算法的开销：①可能会产生大量的候选项集；②对数据库进行重复扫描，通过模式匹配的方式去检查一个很大的候选集合。但这种方法开销太大。因此不产生候选频繁项集的方法——FP 增长算法应运而生。FP 增长算法使用 FP 树组织数据，并从中直接提取频繁项集。

FP 增长算法采用的是分治策略，即经过第一遍扫描后，将数据库中的频集压缩成一棵频繁模式树，同时保留其中的关联信息；再将频繁模式树分化成一些条件库，每个库和一个长度为 1 的频集相关，最后再分别挖掘这些条件库。

表 8-4 以一个实例具体说明 FP 树构造及频繁项集挖掘的实现过程，设定支持度大于 20%。

表 8-4 频繁项集

TID	Items
100	$\{a, b, c, d, e, f, g, h\}$
200	$\{b, i, c, a, j, g, k\}$
300	$\{i, a, l, m, k\}$
400	$\{i, c, n, o, h\}$
500	$\{b, a, c, p, q, h, g, r\}$

1）扫描数据库

对 1-项集进行计数，计算每个 1-项集的支持度，发现 d、e、f、j、l、m、n、o、p、q、r 节点都只出现过一次，支持度小于 20%。因此不会出现在项头表中，剩下的项目则按照支持度的大小降序排列，组成项头表见表 8-5，频繁项集见表 8-6，同时对原始数据集进行更新和排序。

表 8-5 项头表

Item	frequency
a	4
c	4

续表

Item	frequency
b	3
i	3
g	3
h	3
k	3

表 8-6　频繁项集

TID	Items
100	{a, c, b, g, h}
200	{a, c, b, i, g, k}
300	{a, i, k}
400	{c, i, h}
500	{a, c, b, h, g}

2）构建 FP 树

（1）创建树的根节点，然后用 null 来标记。

（2）将每个事务中的项按照递减支持度计数排列，每个事务都构建一个分支（例如为 a，c，b，g，h 节点构建分支），如图 8-2 所示。

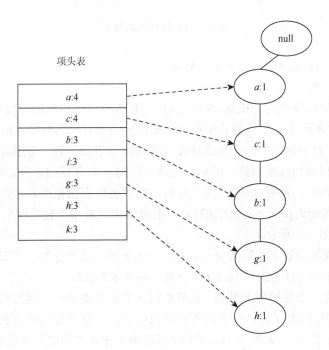

图 8-2　FP 树

（3）插入第二条数据{a, c, b, i, g, k}，由于该数据与已有的 FP 树具有相同的祖先节点序列 a，c，b，g，所以只需要增加 i，k 两个新节点，将新节点的计数记为 1，同时 a，c，b，g 节点的计数加 1，更新节点链表，如图 8-3 所示。

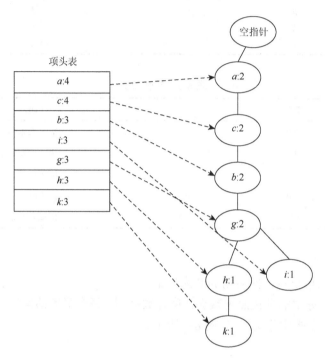

图 8-3　FP 树插入新节点

后面三条数据也是同理，在此不再赘述。

3）FP 树的挖掘

从项头表的底部依次向上挖掘，项头表对于 FP 树的每一项都需要找出其条件模式基，完整 FP 树如图 8-4 所示。条件模式基是指以要挖掘的节点作为叶节点所对应的 FP 子树。得到 FP 子树后，将子树中的每个节点计数设置为叶节点的计数，并删除低于支持度的节点，通过递归挖掘得到频繁项集。例如，先从下层的 g 节点开始寻找，由于 g 节点在 FP 树种就只有一条路径，对应{a:4, c:4, b:3, g:3}，然后将所有祖先节点计数设置为叶节点的计数，即 FP 子树变为{a:3, c:3, b:3, g:3}，一般条件模式基中不包含叶节点，所以 g 节点的条件模式基如图 8-5 所示。

因此，g 节点的频繁 2 项集为{a:3, g:3}，{c:3, g:3}，{b:3, g:3}，递归合并二项集，得到频繁三项集为{a:3, c:3, g:3}，{a:3, b:3, g:3}，{c:3, b:3, g:3}。

g 节点挖掘完，开始挖掘 h 节点。h 节点比 g 节点稍微复杂，因为它有两个叶节点，从上图 8-3 可以得到 FP 子树，接着将所有的祖先节点计数设置为叶节点的计数，即变为{a:3，c:2, b:2, g:2, i:1, h:2, h:1}，此时 i 节点由于在条件模式基里面支持度低于阈值，删除，最终不包括叶节点后 h 的条件模式基为{a:3, c:2, b:2, g:2}。因此，h 节点的频

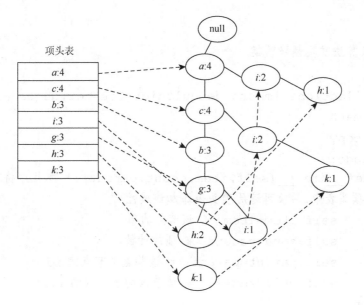

图 8-4 完整 FP 树

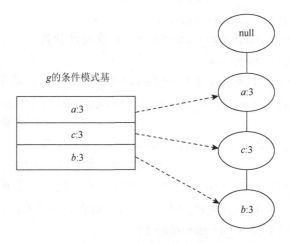

图 8-5 g 的条件模式基

繁 2 项集{a:3，h:2}，{c:2，h:2}，{b:2，h:2}，{g:2，h:2}，递归合并二项集，可以得到六项集{a:3，c:2，b:2，g:2，h:2}。

同理可挖掘其他条目的频繁项集，至此可以得到所有的频繁项集，在此不再展示。

FP 树之所以应用广泛，是因为它具有完整性和紧凑性两个优势。

（1）完整性体现在两个方面：一方面是 FP 树不会打破任何事务数据中的长模式；另一方面是这种方法为频繁模式的挖掘保留了完整的信息。

（2）紧凑性体现在三个方面：一是删除了非频繁的项，达到了减少不相关信息的目的；二是 FP 树按频率递减排列，这使更加频繁的项集更容易在树结构中被共享；三是数据量比源数据库要小。

利用 FP 算法找到 data1，data2，data3 数据集合中的关联规则，代码如下：

```
"""
FP 树增长算法发现频繁项集
"""
from collections import defaultdict,Counter,deque
import math
import copy
class node:
    def __init__(self,item,count,parent):# 本程序将节点之间的链
接信息存储到项头表中,后续可遍历项头表添加该属性
        self.item=item  # 该节点的项
        self.count=count  # 项的计数
        self.parent=parent  # 该节点父节点的 id
        self.children=[]  # 该节点的子节点的 list
class FP:
    def __init__(self,minsup=0.5):
        self.minsup=minsup
        self.minsup_num=None  # 支持度计数
        self.N=None
        self.item_head=defaultdict(list)# 项头表
        self.fre_one_itemset=defaultdict(lambda:0)
                                    # 频繁一项集,值为支持度
        self.sort_rules=None
                        # 项头表中的项,按照支持度从大到小有序排列
        self.tree=defaultdict()# fp 树,键为节点的 id,值为 node
        self.max_node_id=0  #用于插入新节点时,新建 node_id
        self.fre_itemsets=[]
        self.fre_itemsets_sups=[]
    def init_param(self,data):
        self.N=len(data)
        self.minsup_num=math.ceil(self.minsup * self.N)
        self.get_fre_one_itemset(data)
        self.build_tree(data)
        return
    def get_fre_one_itemset(self,data):
        # 获取频繁 1 项,并排序,第一次扫描数据集
        c=Counter()
        for t in data:
            c+=Counter(t)
```

134

```
        for key,val in c.items():
            if val>=self.minsup_num:
                self.fre_one_itemset[key]=val
        sort_keys=sorted(self.fre_one_itemset,key=self.
        fre_one_itemset.get,reverse=True)
        self.sort_rules={k:i for i,k in enumerate(sort_keys)}
        return
    def insert_item(self,parent,item):
        # 将事务中的项插入到 FP 树中,并返回插入节点的 id
        children=self.tree[parent].children
        for child_id in children:
            child_node=self.tree[child_id]
            if child_node.item==item:
                self.tree[child_id].count+=1
                next_node_id=child_id
                break
        else:
            self.max_node_id+=1
            next_node_id=copy.copy(self.max_node_id)
            self.tree[next_node_id]=node(item=item,count=
            1,parent=parent)
            self.tree[parent].children.append(next_node_
            id)# 更新父节点的孩子列表
            self.item_head[item].append(next_node_id)
                                        # 更新项头表

        return next_node_id
    def build_tree(self,data):
        # 构建项头表及 FP 树,第二次扫描数据集
        one_itemset=set(self.fre_one_itemset.keys())
        self.tree[0]=node(item=None,count=0,parent=-1)
        for t in data:
            t=list(set(t)& one_itemset)# 去除该事务中非频繁项
            if len(t)>0:
                t=sorted(t,key=lambda x:self.sort_rules[x])
                parent=0   # 每个事务都是从树根开始插起
                for item in t:
                    parent=self.insert_item(parent,item)
        return
```

135

```
def get_path(self,pre_tree,condition_tree,node_id,suffix_
items_count):
        if node_id==0:
        return
    else:
        if node_id not in condition_tree.keys():
            current_node=copy.deepcopy(pre_tree[node_id])
            current_node.count=suffix_items_count
                                        # 更新计数
            condition_tree[node_id]=current_node
        else:# 若叶节点有多个,则路径可能有重复,计数叠加
            condition_tree[node_id].count+=suffix_
            items_count
        node_id=condition_tree[node_id].parent
        self.get_path(pre_tree,condition_tree,node_id,
        suffix_items_count)
        return
def get_condition_tree(self,pre_tree,suffix_items_ids):
        condition_tree=defaultdict()
                            # 字典存储条件 FP 树,值为父节点
    for suffix_id in suffix_items_ids:
        suffix_items_count=copy.copy(pre_tree[suffix_
        id].count)# 叶节点计数
        node_id=pre_tree[suffix_id].parent
                        # 注意条件 FP 树不包括后缀
        if node_id==0:
            continue
        self.get_path(pre_tree,condition_tree,node_id,
        suffix_items_count)
    return condition_tree
def extract_suffix_set(self,condition_tree,suffix_items):
    # 根据条件模式基,提取频繁项集,suffix_item 为该条件模式基对
      应的后缀
    # 返回新的后缀,以及新添加项(将作为下轮的叶节点)的 id
    new_suffix_items_list=[]  # 后缀中添加的新项
    new_item_head=defaultdict(list)
    item_sup_dict=defaultdict(int)
    for key,val in condition_tree.items():
```

```
                item_sup_dict[val.item]+=val.count
                                       # 对项出现次数进行统计
            new_item_head[val.item].append(key)
        for item,sup in item_sup_dict.items():
            if sup>=self.minsup_num:
                current_item_set=[item]+suffix_items
                self.fre_itemsets.append(current_item_set)
                self.fre_itemsets_sups.append(sup)
                new_suffix_items_list.append(current_
                item_set)
            else:
                new_item_head.pop(item)
        return new_suffix_items_list,new_item_head.values()
    def get_fre_set(self,data):
        # 构建以每个频繁1项为后缀的频繁项集
        self.init_param(data)
        suffix_items_list=[]
        suffix_items_id_list=[]
        for key,val in self.fre_one_itemset.items():
            suffix_items=[key]
            suffix_items_list.append(suffix_items)
            suffix_items_id_list.append(self.item_head[key])
            self.fre_itemsets.append(suffix_items)
            self.fre_itemsets_sups.append(val)
        pre_tree=copy.deepcopy(self.tree)
        self.dfs_search(pre_tree,suffix_items_list,suffix_
        items_id_list)
        return
    def bfs_search(self,pre_tree,suffix_items_list,suffix_
    items_id_list):
        # 宽度优先,递增构建频繁k项集
        q=deque()
        q.appendleft((pre_tree,suffix_items_list,suffix_
        items_id_list))
        while len(q)>0:
            param_tuple=q.pop()
            pre_tree=param_tuple[0]
            for suffix_items,suffix_items_ids in zip(param_
```

```
                tuple[1],param_tuple[2]):
                    condition_tree=self.get_condition_tree
                    (pre_tree,suffix_items_ids)
                    new_suffix_items_list,new_suffix_items_id_
                    list=self.extract_suffix_set(condition_
                    tree,suffix_items)
                    if new_suffix_items_list:
                        q.appendleft((condition_tree,new_
                            suffix_items_list,
                        new_suffix_items_id_list))
        return
    def dfs_search(self,pre_tree,suffix_items_list,suffix_
    items_id_list):
        # 深度优先,递归构建以某个项为后缀的频繁 k 项集
                for suffix_items,suffix_items_ids in zip
                (suffix_ items_list,suffix_items_id_list):
            condition_tree=self.get_condition_tree(pre_
            tree,suffix_items_ids)
            new_suffix_items_list,new_suffix_items_id_list=self.
            extract_suffix_set(condition_tree,suffix_items)
            if new_suffix_items_list:
                self.dfs_search(condition_tree,new_suffix_
                items_list,new_suffix_items_id_list)
return
if __name__=='__main__':
    data1=[list('ABCEFO'),list('ACG'),list('ET'),list('ACDEG'),
        list('ACEGL'),list('EJ'),list('ABCEFP'),list('ACD'),
        list('ACEGM'),list('ACEGN')]
    data2=[list('ab'),list('bcd'),list('acde'),list('ade'),
        list('abc'),list('abcd'),list('a'),list('abc'),
        list('abd'),list('bce')]
    data3=[['r','z','h','j','p'],['z','y','x','w','v','u',
        't','s'],['z'],['r','x','n','o','s'],['y','r','x',
        'z','q','t','p'],['y','z','x','e','q','s','t','m']]
    fp=FP(minsup=0.2)
    fp.get_fre_set(data2)
    for itemset,sup in zip(fp.fre_itemsets,fp.fre_itemsets_
    sups):
```

```
print(itemset,sup)
```

根据上述 FP 树构建及实现的过程编写代码，最终找出 data1，data2，data3 中所有的频繁项集，以及各频繁项集的支持度计数。其结果如下。

['a']8	['b','d']3
['b']7	['a','d']4
['c']6	['b','c','d']2
['d']5	['a','c','d']2
['e']3	['a','b','d']2
['a','b']5	['d','e']2
['b','c']5	['c','e']2
['a','c']4	['a','e']2
['a','b','c']3	['a','d','e']2
['c','d']3	

8.3 多层多维关联规则挖掘

8.3.1 事务型数据库挖掘多层关联规则

不同的数据，通常属于不同的概念层。处于底层的数据项，其支持度往往较低。挖掘不同等级的关联规则具有重要的现实意义，但需要指出的是关联规则的有用性与数据项所处的层级并无必然关系。通常来说，在事务数据库中的数据也是根据不同的维度和概念层次进行存储的。在不同的层级之间进行关联规则的挖掘和转化，是一个数据挖掘系统应该具有的能力。

多层多维关联规则挖掘的策略有：①自顶向下策略，其实质是挖掘同层级的关联规则，单层关联规则的方法均适用；②搜索策略，具体分为逐层独立搜索、层交叉单项过滤法和层交叉 k 项集过滤三种策略。

8.3.2 兴趣度度量

关联规则的兴趣度度量采用的是主客观度量相结合的方法。

1）客观度量指标

采用关联规则常用的度量指标，即支持度与置信度。

2）主观度量指标

兴趣度度量的对象是用户，只有用户才能决定一个规则是不是有趣的，并且这种判断因人而异。一个令人感兴趣的规则通常应具有两种特点：规则是新颖的；规则可以被用户应用并实现某种目的。

8.3.3 关联挖掘与相关分析

相关分析可以分析事物间的相关关系，一般用相关系数来度量。

A 与 B 之间的相关系数：

$$\text{corr}_{A,B} = \frac{P(A \cup B)}{P(A)P(B)} \tag{8-6}$$

将关联分析与相关分析结合，才能得到更科学、更准确的结论。

8.3.4 有约束的关联挖掘

对大量数据进行交互性和解释性挖掘时，要充分利用数据本身、数据与数据之间的各种约束条件，例如在数据库中最常用以下 5 种约束。

（1）知识类型约束：挖掘出的知识类型决定了数据挖掘的功能。

（2）数据约束：如果数据量过大，且每次挖掘都需扫描所有数据，通过利用数据约束可以只扫描与任务内容相关的数据集。

（3）维/层约束：可以根据数据项的概念分层进行约束。

（4）兴趣度约束：挖掘时对支持度、置信度进行约束，只扫描符合要求的强关联规则数据集。

（5）规则约束：用元规则表示。

8.4 关联规则分析应用场景

关联规则分析主要用来发现事物之间的联系，典型的应用就是对超市的购物篮数据进行分析，通过分析顾客放入购物篮的不同商品之间的联系来发现顾客的购买行为习惯。除此之外，其他类似的模式也可应用关联规则进行分析，例如药物间的相互作用、电影推荐、商品推荐等。

本小节通过分析超市中顾客放入购物篮的水果数据来表示关联规则分析的过程，数据集见表 8-7。

表 8-7 数据集

TID	水果
t_1	香蕉，杧果，葡萄，梨，苹果，桃子
t_2	菠萝，杧果，葡萄，梨，苹果，桃子
t_3	香蕉，苹果，梨，苹果
t_4	香蕉，哈密瓜，橘子，梨，桃子
t_5	橘子，杧果，梨，橙子，苹果

利用 Apriori 算法找到频繁项集。

```
import pandas as pd
```

```
import mlxtend
from mlxtend.preprocessing import TransactionEncoder
from mlxtend.frequent_patterns import apriori
import matplotlib.pyplot as plt
import warnings
warnings.filterwarnings("ignore")
# 设置数据集
dataset=[['香蕉','杧果','葡萄','梨','苹果','桃子'],
         ['菠萝','杧果','葡萄','梨','苹果','桃子'],
         ['香蕉','苹果','梨','苹果'],
         ['香蕉','哈密瓜','橘子','梨','桃子'],
         ['橘子','杧果','梨','橙子','苹果']]
te=TransactionEncoder()
te_ary=te.fit_transform(dataset)
df=pd.DataFrame(te_ary,columns=te.columns_)
print(df)
# 利用 Apriori 找出频繁项集
freq=apriori(df,min_support=0.5,use_colnames=True)
print(freq)
# 设定 min_support=0.5,只有当支持度大于等于 0.5 的集合才是频繁项集
```

结果如下：

	support	itemsets
0	0.6	[桃子]
1	1.0	[梨]
2	0.6	[杧果]
3	0.8	[苹果]
4	0.6	[香蕉]
5	0.6	[桃子，梨]
6	0.6	[梨，杧果]
7	0.8	[梨，苹果]
8	0.6	[梨，香蕉]
9	0.6	[杧果，苹果]
10	0.6	[梨，杧果，苹果]

找出频繁项集之后，可以在此基础上，找到其中的关联规则，那么就要用到置信度和支持度计数。

找出置信度大于 0.6 的关联规则。

```
# 导入关联规则包
from mlxtend.frequent_patterns import association_rules
```

计算关联规则

```
result=association_rules(freq,metric="confidence",min_threshold=
0.6)
print(result)
```

结果如下：

antecedants	consequents	antecedent support	consequent support
（桃子）	（梨）	0.6	1.0
（梨）	（桃子）	1.0	0.6
（杧果）	（梨）	0.6	1.0
（梨）	（杧果）	1.0	0.6
（梨）	（苹果）	1.0	0.8
（苹果）	（梨）	0.8	1.0
（梨）	（香蕉）	1.0	0.6
（香蕉）	（梨）	0.6	1.0
（杧果）	（苹果）	0.6	0.8
（苹果）	（杧果）	0.8	0.6
（杧果，梨）	（苹果）	0.6	0.8
（杧果，苹果）	（梨）	0.6	1.0
（梨，苹果）	（杧果）	0.8	0.6
（杧果）	（梨，苹果）	0.6	0.8
（梨）	（杧果，苹果）	1.0	0.6
（苹果）	（杧果，梨）	0.8	0.6

support	confidence	lift	leverage	conviction
0.6	1.00	1.00	0.00	inf
0.6	0.60	1.00	0.00	1.000000
0.6	1.00	1.00	0.00	inf
0.6	0.60	1.00	0.00	1.00000
0.8	0.80	1.00	0.00	1.000000
0.8	1.00	1.00	0.00	inf
0.6	0.60	1.00	0.00	1.000000
0.6	1.00	1.00	0.00	inf
0.6	1.00	1.25	0.12	inf
0.6	0.75	1.25	0.12	1.60000
0.6	1.00	1.25	0.12	inf

0.6	1.00	1.00	0.00	inf
0.6	0.75	1.25	0.12	1.600000
0.6	1.00	1.25	0.12	inf
0.6	0.60	1.00	0.00	1.000000
0.6	0.75	1.25	0.12	1.600000

从结果中可以看出，{杧果→苹果，梨}的置信度为 1.00，提升度为 1.25，说明买了杧果的人很有可能会另外再购买 1.25 份的{苹果，梨}，由此可以将这三种水果放在一起出售。

习　题

1. 将表 8-8 补充完整。

表 8-8　习题 1 数据集

TID	Items	Rule	Support	Rule	Confidence
1	X, B	B→G		G→P	
2	M, B, G, P	M→B		{B, G}→G	
3	A, B, P, J, G	X→B		G→A	
4	M, B, G, A	G→A		P→A	

2. 列举关联规则在不同领域中应用的实例。

3. 给出如下几种类型的关联规则的例子，判断它们是否有价值：

（1）高支持度和高置信度的规则；

（2）高支持度和低置信度的规则；

（3）低支持度和低置信度的规则；

（4）低支持度和高置信度的规则。

4. 数据集如表 8-9 所示。

表 8-9　习题 4 数据集

Customer ID	Transaction ID	Items Bought
1	0001	{a, d, e}
1	0024	{a, b, c, e}
2	0012	{a, b, d, e}
2	0031	{a, c, d, e}
3	0015	{b, c, e}
3	0022	{b, d, e}
4	0029	{c, d}
4	0040	{a, b, c}
5	0033	{a, d, e}
5	0038	{a, b, e}

（1）首先将事务分别看成一个购物篮，然后以$\{e\}$，$\{b, d\}$和$\{b, d, e\}$为对象，分别计算其支持度。

（2）首先将单个用户购买的商品看成是一个购物篮，然后以$\{e\}$，$\{b, d\}$和$\{b, d, e\}$为对象，分别计算其支持度。

5. 一个数据库有 5 个事务，如表 8-10 所示，设 minsup = 60%，minconf = 80%。

表 8-10　习题 5 数据集

事务 ID	购买的商品
T100	$\{M, O, N, K, E, Y\}$
T200	$\{D, O, N, K, E, Y\}$
T300	$\{M, A, K, E\}$
T400	$\{M, U, C, K, Y\}$
T500	$\{C, O, O, K, I, E\}$

（1）分别利用 Apriori 算法和 FP 增长算法找出所有的频繁项集，比较两种方法的效率。

（2）比较穷举法和 Apriori 算法生成的候选选集的数量。

实 践 练 习

购物篮分析在销售中对组合商品的位置摆放和捆绑销售具有重大影响，正确有效的商品进行组合对提高销售额有明显的效果，因此请读者利用 Apriori 算法实现购物篮分析，数据集名称为 Marker_Basket（购物篮），数据来源为 https://www.kaggle.com/dragonheir/basket-optimisation1.efficient_apriori。

第9章

聚 类

聚类是常用的无监督学习算法，在金融、工业制造、生物医疗等领域有着广泛应用。聚类可以直接对未标注标签的数据进行处理，自动识别数据之间的隐藏知识，将数据集划分为不同的类或簇。划分的标准通常由使用者根据情境自行设计，需求不同，标准也随之变化。本章对聚类的相关概念与聚类的分类进行介绍并对性能评价指标，以及常用的聚类算法进行讲解。

9.1 聚 类 概 述

9.1.1 聚类的含义

聚类起源于分类学，与分类不同的是，聚类的目标对象的类是未知的，最终输出的结果是依据数据间的距离或相似度来进行划分。这意味着聚类形成的簇没有名称，需要使用者根据簇与簇之间的特征自行命名。

聚类是挖掘一个集合中的物理或抽象的对象的内在联系，并按照某一标准把它们划分为若干个不相交的子集的过程。划分后的子集我们称其为"簇"，簇之间的相似度较小，簇所包含的对象之间相似度较大。

聚类可以有效地获取数据内部结构信息。早期聚类被用于生物学领域，如动植物的分类等。21 世纪以来，聚类开始被应用于金融、医学、商业及互联网领域。以电子商务为例，电商平台用户都有相同或相近的行为属性，我们可以通过用户行为对用户进行聚类，提取行为特征，对不同行为属性的用户针对性精准营销。

9.1.2 聚类算法的分类

根据分析计算方法的不同，可以将聚类算法大致划分为基于划分的聚类算法、基于层次的聚类算法、基于密度的聚类算法和基于网格的聚类算法 4 种。

（1）基于划分的聚类算法，主要是基于对象之间的距离来进行聚类的。其基本思想是对给定的含有 N 个对象的集合。首先确定簇的个数 k （$k<n$），以及初始的聚类中心点；然后通过启发式算法反复迭代更新聚类的中心点，簇间距离尽可能远，簇内对象尽可能

近，即聚类效果达到最好。基于划分的聚类算法计算量大，很适合发现中小规模数据库中的球状簇。基于划分的聚类算法较为常见，代表算法有 k-means 算法、k-means ++算法、k-medoids 算法等。

（2）基于层次的聚类算法，利用数据的联结规则来分层建立簇，原理与决策树相似，它相当于以簇为节点的树。不同的是，按照分解方向的不同，基于层次的聚类算法也可以分为自上而下的分裂聚类和自下而上的合并聚类。分裂聚类原理与决策树生成过程相似，将集合中的对象看作一个聚类，根据某一标准将该聚类划分为若干个较小的聚类，再对新生成的聚类进行划分，这样一直循环，直至满足某个终结条件。合并聚类则相反，它将集合中的每个对象都看作一个聚类，根据某一标准合并聚类生成更大的新的聚类，这样一直循环，直至满足某个终结条件。基于层次的聚类算法可解释性较好，代表算法有 BIRCH 算法、Chameleon 算法、CURE 算法等。

（3）基于密度的聚类算法，是依据集合中的对象在空间中分散的密集程度来进行聚类。这也决定了基于密度的聚类算法生成的图像与其他算法依据距离生成的图像不同。基于密度的聚类算法基本思想是以某个对象为中心，r（eps）为半径的区域内（这里区域我们称其为某一对象或点的邻域），如果某个对象的密度超过指定阈值时，就把它加到与之相近的聚类中去。算法主要涉及两个参数：一个是半径 r，一个是对象的邻域范围内至少应包含对象的个数 n。基于密度的聚类算法可以较好地处理集合中的噪声，并且能克服基于距离的算法只能发现"类圆形"的聚类的缺点。代表算法有 DBSCAN 算法、OPTICS 算法、DENCLUE 算法等。

（4）基于网格的聚类算法，相较于基于密度的聚类算法计算复杂度较低。该类算法的主要思想是将数据空间划分成为有限个单元（cell）的网格结构，所有的处理都是以单个单元为对象的。基于网格的聚类算法处理速度很快，通常这与目标数据库中记录的个数无关，只与把数据空间分为多少个单元有关。代表算法有 STING 算法、CLIQUE 算法、WAVE-CLUSTER 算法等。

9.2　相似性测度指标

簇间的差异尽可能大，簇内样本尽可能相似，称该聚类效果较好。那么如何将这种"好"进行量化，是本节主要介绍的内容。

聚类结果的评价指标从所采用方法的本质来看，可以简单理解为距离测度指标与非距离测度指标（相似性系数、简单匹配系数）。

9.2.1　距离测度指标

聚类的结果是在一个二维或者多维空间中呈现出来的簇，簇与簇之间的距离越远，簇内样本距离越近，则聚类的性能就越好。因此距离成为测度聚类性能好坏的重要方法之一。距离函数需要满足以下四个条件。

（1）非负性，两点之间的距离不能为负值。

（2）同一性，若两点间的距离为0时，则说明两个样本点在空间上相互重合。

（3）对称性，点 a 到点 b 的距离等于点 b 到点 a 的距离。

（4）直递性，有 a，b，c 三个点，a 到 b 的距离与 c 到 b 的距离之和大于等于 a 到 c 的距离。

距离测度指标主要有以下几种：

给定两个样本：$X_i = (X_{i1}, X_{i2}, \cdots, X_{in})T$ 和 $X_j = (X_{j1}, X_{j2}, \cdots, X_{jn})$ 分别表示两个对象，将它们看作投射在 p 维空间中的点。直观地用我们所熟悉的距离来测量样本间的距离。在聚类分析中，闵可夫斯基距离（简称"闵氏距离"）是较常用的距离测度指标，其定义公式如下：

$$D_p(x_i, x_j) = \left\| x_i - x_j \right\|_p = \left[\sum_{k=1}^{n} \left| x_{ik} - x_{jk} \right|^p \right]^{\frac{1}{p}} \tag{9-1}$$

这里的闵可夫斯基距离不是一种距离，而是一组距离的定义，是对多个距离度量公式的概括性的表述。其中 p 为一个可变参数。

当 $p=1$ 时，闵氏距离即为曼哈顿距离。曼哈顿距离指的是两点之间在标准坐标系上的绝对轴距离之和。其定义表达式如下：

$$D_{p=1}(x_i, x_j) = \left\| x_i - x_j \right\|_1 = \sum_{k=1}^{n} \left| x_{ik} - x_{jk} \right| \tag{9-2}$$

当 $p=2$ 时，闵氏距离即为欧氏距离。欧氏距离即为我们理解的两点之间的直线距离，其定义表达式如下：

$$D_{p=2}(x_i, x_j) = \left\| x_i - x_j \right\|_2 = \left[\sum_{k=1}^{n} \left| x_{ik} - x_{jk} \right|^2 \right]^{\frac{1}{2}} \tag{9-3}$$

当 $p \to \infty$ 时，闵氏距离即为切比雪夫距离。其定义表达式如下：

$$D_{p \to \infty}(x_i, x_j) = \left\| x_i - x_j \right\|_\infty = \max_{1 \leqslant k \leqslant n} \left| x_{ik} - x_{jk} \right| \tag{9-4}$$

$O(0, 0)$，$p(x, y)$ 为标准坐标轴上的两点，两点间的曼哈顿距离即为

$$D_{p=1} = |x| + |y| \tag{9-5}$$

两点的欧氏距离为

$$D_{p=2} = \sqrt{x^2 + y^2} \tag{9-6}$$

兰氏距离由兰斯和威廉姆斯提出，是一个无量纲的量，用于确定样本间的距离，与闵氏距离一样，兰氏距离不考虑样本中变量间的相关性。其定义表达式如下：

$$D_L = \frac{1}{p} \sum_{k=1}^{p} \frac{x_{ik} - x_{jk}}{x_{ik} + x_{jk}} \tag{9-7}$$

马氏距离是基于样本分布的一种距离，由马哈拉诺比斯提出。它表示点与一个分布之间的距离。与以上提到的闵氏距离和兰氏距离不同的是，马氏距离考虑到不同特征变量之间的相关性。

定义：样本向量记为 x，协方差矩阵记为 S，均值记为向量 μ，则其中样本向量 x 到 μ 的马氏距离表示为

$$D_M(x) = \sqrt{(x-\mu)^T S^{-1} (x-\mu)} \tag{9-8}$$

当协方差矩阵为单位矩阵时，马氏距离等于欧氏距离。

9.2.2 非距离测度指标

夹角余弦相似度是指两个向量构成的夹角的余弦值。与用距离来衡量两个样本间的相似度的方法相比较，夹角余弦相似度注重对样本的方向的考量。样本点 $A(X_{i1}, X_{i2}, \cdots, X_{in})$ 和 $B(X_{j1}, X_{j2}, \cdots, X_{jn})$ 的余弦夹角为

$$\cos(\theta) = \frac{AB}{|A||B|} = \frac{\sum_{k=1}^{n} x_{ik} x_{jk}}{\sqrt{\sum_{k=1}^{n} x_{ik}^2 \sum_{k=1}^{n} x_{jk}^2}} \tag{9-9}$$

余弦值的取值范围为[–1, 1]，两个向量的夹角越小，它们的相似度就越大，当两个向量夹角为 0 即方向相同时，相似度取到最大值 1，反之当两个向量方向完全相反时，相似度取到最小值–1。

然而余弦相似度只考虑向量间的方向问题，没有考虑向量由于量纲上的差异性而导致的结果误差，为了解决这一问题，修正的余弦相似度被提了出来。修正后的余弦相似度与修正前的余弦相似度取值范围相同。修正的余弦相似度对每个维度进行了修正，以此来减小结果的误差。其定义表达公式如下：

$$\text{sim}(i,j) = \frac{\sum_{u \in U} (R_{u,i} - \overline{R_u})(R_{u,j} - \overline{R_u})}{\sqrt{\sum_{u \in U} (R_{u,i} - \overline{R_u})^2 (R_{u,j} - \overline{R_u})^2}} \tag{9-10}$$

其中 $R_{u,i}$ 表示用户 u 对物品 i 的评级。

皮尔逊（Pearson）相关系数是余弦相似度在维度值缺失情况下的一种改进，Pearson 相关系数刻画变量间线性关系的强弱。

$$\text{sim}(i,j) = \text{corr}_{i,j} = \frac{\sum_{u \in U} (R_{u,i} - \overline{R_i})(R_{u,j} - \overline{R_j})}{\sqrt{\sum_{u \in U} (R_{u,i} - \overline{R_i})^2 \sum_{u \in U} (R_{u,j} - \overline{R_j})^2}} \tag{9-11}$$

杰卡德系数是衡量两个集合相似度的一种指标。其定义表达式如下：

$$J(A,B) = \frac{|A \cap B|}{|A \cup B|} = \frac{|A \cap B|}{|A| + |B| - |A \cap B|} \tag{9-12}$$

其中 A, B 为集合，杰卡德系数的取值范围为[0, 1]，杰卡德系数越大，代表聚类效果越好。

轮廓系数，顾名思义用来形容聚类生成结果的簇的轮廓清晰度的指标，它包含两个因素，分别是凝聚度和分离度。凝聚度指的是某一样本点 i 距离同簇内其他样本点的平均距离，这个距离被称作簇内不相似度（a_i）。分离度指的是某一样本点到其他簇内所有样本点的平均距离，这个距离称作簇间不相似度（b_i），其中 $b_i = \min(b_{i1}, b_{i2}, \cdots, b_{in})$，那么样本点 i 的轮廓系数为

$$S_i = \frac{b_i - a_i}{\max\{a_i, b_i\}} \tag{9-13}$$

其中 $a_i > 0$，$b_i > 0$。

当 $a_i > b_i$ 时，

$$S_i = \frac{b_i - a_i}{a_i}, \quad S_i \in [-1, 0) \tag{9-14}$$

当 $a_i = b_i$ 时，

$$S_i = 0 \tag{9-15}$$

当 $a_i < b_i$ 时，

$$S_i = \frac{b_i - a_i}{b_i}, \quad S_i \in (0, 1] \tag{9-16}$$

所以某一样本点轮廓系数的值介于[-1, 1]之间，轮廓系数越大代表簇内凝聚度和簇间分离度越优，聚类效果越好。

以上计算的是样本中某一点的轮廓系数，对于含有 n 个样本的样本集合来说，它的总轮廓系数为

$$S = \frac{1}{n} \sum_{i=1}^{n} S_i \tag{9-17}$$

9.3　k-means 算法

9.3.1　k-means 算法原理

k-means 算法属于基于划分的算法，主要基于对象之间的距离来进行聚类。k-means 算法认为，两个对象（样本）之间的距离越近，其相似度就越大。k-means 算法步骤如下。

Step1：随机选择 k 个对象，每个对象代表一个簇的中心。

Step2：对剩余的每个对象，根据其与各簇中心的距离，将它赋给最近的簇。

Step3：重新计算每个簇的平均值，得到的新的平均值作为新的簇中心。

Step4：不断重复 Step2、Step3，直到准则函数收敛。

通常，k-means 采用平方误差准则，误差平方和（sum of the squares of errors，SSE）作为全局的目标函数，即最小化每个点到最近质心的欧几里得距离的平方和。此时，簇的质心就是该簇内所有数据点的平均值。SSE 定义表达式如下：

当数据为连续型数据时：

$$SSE = \sum_{i=1}^{k} \sum_{x \in E_i} \text{dist}(e_i, x)^2 \tag{9-18}$$

当数据为文本数据时：

$$SSE = \sum_{i=1}^{k} \sum_{x \in E_i} \cos(e_i, x)^2 \qquad (9\text{-}19)$$

其中：

$$e_i = \frac{1}{n} \sum_{x \in E_i} x \qquad (9\text{-}20)$$

k 为聚类簇的个数；x 为数据集中的对象；E_i 表示数据集中的第 i 个簇；e_i 则为簇 E_i 的聚类中心；n 表示第 E_i 簇中的对象个数。

下面以表 9-1 关于西瓜的密度与含糖率的二维向量的数据集为例，运用 k-means 算法对该数据进行聚类。

表 9-1　西瓜数据集

样本	密度	含糖率	样本	密度	含糖率
X_1	0.774	0.376	X_5	0.748	0.232
X_2	0.446	0.459	X_6	0.245	0.057
X_3	0.478	0.437	X_7	0.360	0.370
X_4	0.714	0.346	X_8	0.719	0.103

Step1：假设 k 为 2，随机选取 $X_5 = (0.748, 0.232)$，$X_7 = (0.360, 0.370)$ 分别代表两个簇的初始中心点。

Step2：计算剩余样本与选定的样本 X_5 与 X_7 的距离。由于样本为二维向量，采用欧式距离来度量样本间的距离。根据其与各簇中心的距离，将它赋给最近的簇，最终表 9-1 样本数据被划分为两个簇，分别为

$$C_1 = (X_1, X_4, X_5, X_8); \qquad C_2 = (X_2, X_3, X_6, X_7)$$

Step3：重新计算簇 C_1，C_2 的平均值，得到的平均值作为新的簇中心。计算得到簇 C_1 新的中心为（0.739, 0.264），簇 C_2 新的中心为（0.382, 0.331）。

Step4：不断重复上述步骤，直至簇中心不再改变。算法具体迭代过程见表 9-2。最终聚类结果簇 C_1 中心为（0.739, 0.264），簇 C_2 的中心为（0.382, 0.331）。簇 C_1，C_2 所包含的样本分别为

$$C_1 = (X_1, X_4, X_5, X_8); \qquad C_2 = (X_2, X_3, X_6, X_7)$$

表 9-2　西瓜数据集 k-means 算法迭代过程

	簇 C_1 中心点	簇 C_2 中心点	划分结果
一次迭代	X_5	X_7	$C_1 = (X_1, X_4, X_5, X_8)$ $C_2 = (X_2, X_3, X_6, X_7)$
二次迭代	（0.739, 0.264）	（0.382, 0.331）	$C_1 = (X_1, X_4, X_5, X_8)$ $C_2 = (X_2, X_3, X_6, X_7)$

9.3.2 *k*-means 算法特点

  k-means 算法是解决聚类问题的一种经典算法,较为简单并且易于理解和实现。当处理的数据集较大时,由于 *k*-means 算法通过计算对象与簇中心的距离来进行聚类,所以当簇的形状为球形或者团状时,聚类效果较好。当处理较大的数据集时,该算法具有较好的可伸缩性,*k*-means 的缺点也是比较明显的。

  从 *k*-means 算法步骤中可以看出,算法的准确性受参数 *k* 值影响较大。因为对于给定的样本数据,我们往往并不知道其包含几个类别,也无法确定将其划分为几个类别最为合适。且当选取不同的对象作为初始质心,可能会导致同一份数据的分簇结果差异性较大;*k*-means 算法基于距离来进行聚类决定了当给定的样本数据为非凸的数据集时,聚类的效果往往较差且该算法对噪声和异常点较为敏感。

9.3.3 *k*-means 实例分析

  本节将运用 *k*-means 算法对表 9-3 数据进行聚类,并将聚类结果展示出来。

表 9-3 *k*-means 数据集

X	Y	X	Y	X	Y
51	97	31	1	14	83
38	30	12	34	6	66
94	82	15	1	31	75
42	41	37	32	31	79
3	93	16	34	13	67
53	89	3	21	72	19
92	74	14	8	63	21
79	68	32	28	96	19
14	79	38	39	66	23
18	57	18	23	68	19
6	28	24	1	85	11
4	1	31	18	67	4
24	20	21	79	62	33
16	15	0	81	66	16
9	7	23	74	89	35

注:*X* 和 *Y* 代表数据集的两个特征

151

主要 Python 代码如下：

引入数据集

```
x,y=np.loadtxt('1111.csv',delimiter=',',unpack=True)
k_count=4
km=k_means(x,y,k_count)
print(step)
imageio.mimsave('k-means.gif',frames,'GIF',duration=0.5)
step=0
color=['.r','.g','.b','.y']#颜色种类
dcolor=['*r','*g','*b','*y']#颜色种类
frames=[]
def distance(a,b):
    return(a[0]- b[0])** 2+(a[1] - b[1])** 2
```

随机选择 K 个点

```
def k_means(x,y,k_count):
    count=len(x)
    k=rd.sample(range(count),k_count)
    k_point=[[x[i],[y[i]]] for i in k]
    k_point.sort()
    global frames
    global step
    while True:
        km=[[] for i in range(k_count)]
        for i in range(count):
            cp=[x[i],y[i]]
        _sse=[distance(k_point[j],cp)for j in range(k_count)]
        min_index=_sse.index(min(_sse))
        km[min_index].append(i)
```

```
#更换质心
step+=1
k_new=[]
for i in range(k_count):
    _x=sum([x[j] for j in km[i]])/len(km[i])
    _y=sum([y[j] for j in km[i]])/len(km[i])
    k_new.append([_x,_y])
k_new.sort()
```

使用 Matplotlib 对聚类结果进行可视化

```
pl.figure()
pl.title("N=%d,k=%d iteration:%d"%(count,k_count,step))
for j in range(k_count):
    pl.plot([x[i] for i in km[j]],[y[i] for i in
    km[j]],color[j%4])
    pl.plot(k_point[j][0],k_point[j][1],dcolor[j%4])
pl.savefig("1.jpg")
frames.append(imageio.imread('1.jpg'))
if(k_new! =k_point):
    k_point=k_new
else:
    return km
```

运行代码后聚类结果见图9-1：

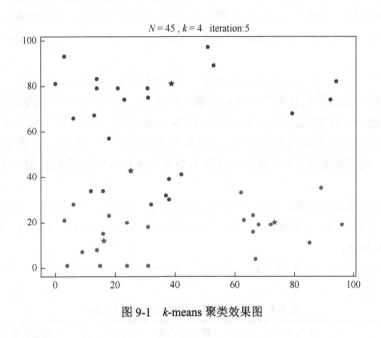

图9-1 k-means 聚类效果图

9.4 k-中心点算法

9.4.1 算法原理

k-中心点算法与 k-means 算法一样都属于基于层次的划分。为了减轻 k-means 算法对噪声和异常点的敏感性，k-中心点算法不采用簇中对象的平均值作为簇中心，而是在簇内选取到其余对象距离之和最小的样本作为簇中心。k-中心点算法步骤如下。

Step1：确定聚类的个数 k。

Step2：在所有数据集合中选择 k 个点作为各个聚簇的中心点。

Step3：计算其余所有点到 k 个中心点的距离，并把每个点到 k 个中心点最短的聚簇作为自己所属的聚簇。

Step4：在每个聚簇中按照顺序依次选取点，计算该点到当前聚簇中所有点距离之和，最终距离之和最小的点，则视为新的中心点。

Step5：不断重复 Step2 与 Step3 直到各个聚簇的中心点不再改变。

k-中心点算法采用的误差和准则，以误差平方和 SSE 作为全局的目标函数，此时 SEE 定义表达式如下：

$$SSE = \sum_{i=1}^{k} \sum_{x \in E_i} \text{dist}(e_i, x) \tag{9-21}$$

下面采用 9.3.1 小节中表 9-1 的西瓜数据集，运用 k-中心点算法对其进行聚类。

假设所要聚类的簇数 k 为 2，则算法一开始会随机选取两个点作为簇的初始中心点。在本例中，选取 $X_5 = (0.748, 0.232)$，$X_7 = (0.360, 0.370)$ 作为随机的初始中心点。然后依次计算剩余样本与选定的中心点 X_5 及 X_7 的欧氏距离，根据距离的大小，将剩余样本指派到最近的中心点，形成 k 个簇。在本例中，在一次迭代后，表 9-1 样本数据最终被划分为两个簇：

$$C_1 = (X_1, X_4, X_5, X_8); \qquad C_2 = (X_2, X_3, X_6, X_7)$$

在簇 C_1 中，通过两两计算样本间的距离，样本 X_1 到其他三个样本的距离和为 0.491，样本 X_4 到其他三个样本的距离和为 0.429，样本 X_5 到其他三个样本的距离和为 0.397，样本 X_8 到其他三个样本的距离和为 0.653，样本 X_5 到其他三点的距离之和最小，以 X_5 作为新的中心点。同理在簇 C_2 中，通过比较样本距离其他样本间的距离之和，选出新的中心点 X_2。

然后不断重复上述步骤，直至中心点不再改变。具体迭代过程如表 9-4 所示。最终聚类结果簇 C_1 中心为 $X_5 = (0.748, 0.232)$，簇 C_2 的中心为 $X_2 = (0.446, 0.459)$。簇 C_1、簇 C_2 所包含的样本如下：

$$C_1 = (X_1, X_4, X_5, X_8); \qquad C_2 = (X_2, X_3, X_6, X_7)$$

表 9-4   西瓜数据集 k-中线点算法迭代过程

	簇 C_1 中心点	簇 C_2 中心点	划分结果
一次迭代	X_5	X_7	$C_1 = (X_1, X_4, X_5, X_8)$ $C_2 = (X_2, X_3, X_6, X_7)$
二次迭代	X_5	X_2	$C_1 = (X_1, X_3, X_4, X_5)$ $C_2 = (X_2, X_6, X_7, X_8)$
三次迭代	X_5	X_2	$C_1 = (X_1, X_4, X_5, X_8)$ $C_2 = (X_2, X_3, X_6, X_7)$

9.4.2　k-中心点算法特点

k-中心点算法与 k-means 算法一样需要事先确定簇的个数及簇的中心点。所以聚类结

果同样受参数 k 影响较大。不同的是 k-中心点每次选取的质心，必须是样本点。当样本集合中存在噪声和离群点时，k-中心点算法的鲁棒性要比 k-means 算法好。k-中心点算法可以较好地处理小数据集，却不能很好地用于规模较大的数据集。

此外，由于 k-中心点算法质心的更新是以选择中心点的方式进行，k-中心点算法的时间复杂度要比 k-means 算法高，运行速度较慢。

9.4.3　k-中心点实例分析

本小节采用 sklearn 中的 make_blobs 生成算法所需要的数据，指定生成样本数量为 40，每个样本有两个特征，中心点 $k = 3$。代码生成的数据集及聚类结果如图 9-2、图 9-3 所示。

主要 Python 代码如下：

```
class KMediod():
    def __init__(self,n_points,k_num_center):
        self.n_points=n_points
        self.k_num_center=k_num_center
        self.data=None
    def get_test_data(self):
        self.data,target=make_blobs(n_samples=self.n_points,
        n_features=2,centers=self.n_points)
        np.put(self.data,[self.n_points,0],20,mode='clip')
        np.put(self.data,[self.n_points,1],20,mode='clip')
        pyplot.scatter(self.data[:,0],self.data[:,1],c=target)
        # 画图
        pyplot.show()
    def ou_distance(self,x,y):
        # 定义欧氏距离的计算
        return np.sqrt(sum(np.square(x - y)))
    def run_k_center(self,func_of_dis):
        :param func_of_dis:
        :return:
        """
        print('初始化',self.k_num_center,'个中心点')
        indexs=list(range(len(self.data)))
        random.shuffle(indexs)
        init_centroids_index=indexs[:self.k_num_center]
        centroids=self.data[init_centroids_index,:]
        levels=list(range(self.k_num_center))
        print('开始迭代')
```

```
        sample_target=[]
        if_stop=False
        while(not if_stop):
            if_stop=True
            classify_points=[[centroid] for centroid in centroids]
            sample_target=[]
            for sample in self.data:
                    # 计算距离,由距离该数据最近的核心,确定该点所属类别
                    distances=[func_of_dis(sample,centroid)for
                                centroid in centroids]
                    cur_level=np.argmin(distances)
                    sample_target.append(cur_level)
                    classify_points[cur_level].append(sample)
            # 重新划分质心
            for i in range(self.k_num_center):
                distances=[func_of_dis(point_1,centroids[i])
                            for point_1 in classify_points[i]]
                now_distances=sum(distances)
                for point in classify_points[i]:
                    distances=[func_of_dis(point_1,point)for
                                point_1 in classify_points[i]]
                    new_distance=sum(distances)
                    if new_distance<now_distances:
                        now_distances=new_distance
                        centroids[i]=point
                        if_stop=False
        print('结束')
        return sample_target
    def run(self):
        self.get_test_data()
        predict=self.run_k_center(self.ou_distance)
        pyplot.scatter(self.data[:,0],self.data[:,1],c=predict)
        pyplot.show()
test_one=KMediod(n_points=20,k_num_center=3)
test_one.run()
```

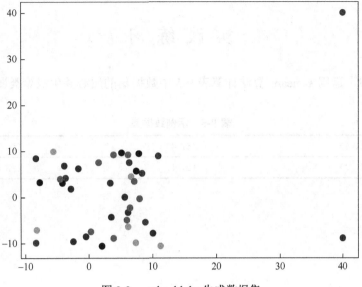

图 9-2　make_blobs 生成数据集

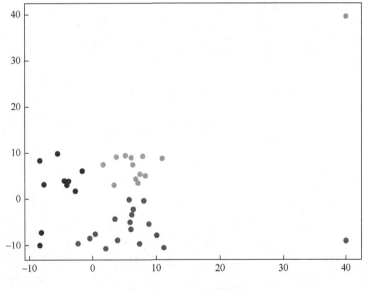

图 9-3　k-中心点效果图

习　　题

1. 简述聚类与分类的区别。
2. 聚类分析的基本思想和功能是什么？
3. 总结基于划分、层次和密度的聚类方法的优缺点及常见算法。
4. 说明孤立点挖掘的现实意义并总结孤立点挖掘的方法。
5. k-means 是有监督聚类还是无监督聚类？请用伪代码写出聚类过程。

实 践 练 习

设定 $k = 2$，运用 k-means 算法计算表 9-5 中数据集的质心并生成聚类图。

表 9-5 示例数据集

(1, 1)	(6, 4)	(6, 3)
(1, 2)	(2, 1)	(5, 4)

第 10 章

时间序列预测

时间序列是按照时间排序的一组随机变量,它通常是在相等间隔的时间段内依照给定的采样率对某种潜在过程进行观测的结果。时间序列数据本质上反映的是某个或者某些随机变量随时间不断变化的趋势。时间序列分析的核心就是从数据中挖掘出随时间不断变化的趋势,通过曲线拟合和参数估计(如非线性最小二乘法)建立数学模型的理论和方法,并利用数学模型对将来的数据作出预测。时间序列分析常用在国民经济宏观控制、区域综合发展规划、企业经营管理、市场潜量预测、气象预报、水文预报、地震前兆预报、农作物病虫灾害预报、环境污染控制、生态平衡、天文学和海洋学等方面。

10.1 时间序列概述

时间序列或称动态数列是指将同一统计指标的观测值按其发生的时间先后顺序排列而成的数列。测量的时间间隔可以是一小时、一天、一周、一个月、一个季度、一年,或者是其他任何规定的时间间隔,本节中时间序列的观测值均来自等间隔,非等间隔的时间序列不在本节的讨论范围内。时间序列分析的主要目的是根据已有的历史数据对未来进行预测。经济数据预测中大多数以时间序列的形式出现。

时间序列的构成要素包括长期趋势、季节变动、循环变动、不规则变动。

(1)长期趋势。时间序列数据虽然呈现出随机波动的形态,但从长期来看,数据的波动存在一定的规律,逐步向更高值或者更低值的方向移动。这种现象是在较长时期内受某种根本性因素作用而形成的总的变动趋势,时间序列的趋势可以分为线性趋势和非线性趋势,方向上可以分为递增或者递减。如医疗条件改善引起的人的寿命呈上升的趋势,中国经济总量不断增长的趋势等。

表 10-1 是 2001~2020 年我国国内生产总值的数据,从图 10-1 中可以看到近 20 年我国国内生产总值一直处于上升的趋势。

表 10-1 我国国内生产总值(2001~2020 年)　　　　　　(单位:亿元)

年份	国内生产总值	年份	国内生产总值
2001	110863.1	2003	137422
2002	121717.4	2004	161840.2

年份	国内生产总值	年份	国内生产总值
2005	187318.9	2013	592963.2
2006	219438.5	2014	643563.1
2007	270092.3	2015	688858.2
2008	319244.6	2016	746395.1
2009	348517.7	2017	832035.9
2010	412119.3	2018	919281.1
2011	487940.2	2019	986515.2
2012	538580	2020	1013567.0

注：数据来源为中国国家统计局网站。

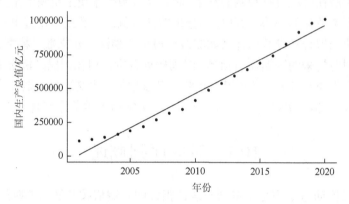

图 10-1　我国国内生产总值散点图

表 10-2 是 2013～2018 年某商场每季度钱包的销售数量，从图 10-2 中可以看出钱包的销售一直处于下降趋势，最可能的原因是移动支付的普及造成了消费者对钱包需求的减少。

表 10-2　某商场钱包销售数据（2013～2018 年）

年份	季度	销售量	年份	季度	销售量
2013	1	672	2015	1	550
2013	2	427	2015	2	387
2013	3	561	2015	3	351
2013	4	596	2015	4	310
2014	1	654	2016	1	420
2014	2	476	2016	2	310
2014	3	592	2016	3	284
2014	4	612	2016	4	241

续表

年份	季度	钱包销售量	年份	季度	钱包销售量
2017	1	286	2018	1	194
2017	2	198	2018	2	110
2017	3	142	2018	3	86
2017	4	160	2018	4	54

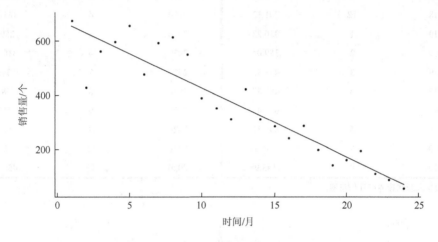

图 10-2 某商场钱包销售数据散点图

另外还有一些时间序列呈现出非线性趋势，不再一一赘述。

（2）季节变动。季节变动是指在一年内随着季节的变化而发生的有规律的周期性变动。一般是指受到较有规律的因素影响，其因素主要包括自然因素、社会因素等，如旅游景区门票的销售量、雪糕的销售量等。

表 10-3 为湖南省张家界从 2017 年 1 月到 2020 年 12 月的游客量，从图 10-3 中可以看出每年的 7~10 月是旅游旺季，人数暴涨，而每年 12 月到次年 3 月是旅游的低谷期。

表 10-3 湖南省张家界客流量（2017~2020） （单位：万人次）

年份	月份	客流量	年份	月份	客流量
2017	1	283.56	2017	9	934.96
2017	2	344.76	2017	10	970.09
2017	3	435.19	2017	11	630.12
2017	4	587.62	2017	12	401.94
2017	5	546.89	2018	1	269.32
2017	6	499.58	2018	2	445.04
2017	7	763.63	2018	3	482.87
2017	8	937.47	2018	4	711.94

续表

年份	月份	客流量	年份	月份	客流量
2018	5	602.72	2019	9	1209.11
2018	6	627.73	2019	10	1387.34
2018	7	972.42	2019	11	532.47
2018	8	1169.26	2019	12	301.48
2018	9	1061.12	2020	1	260.78
2018	10	1455.26	2020	2	44.67
2018	11	619.41	2020	3	160.3
2018	12	201.17	2020	4	161.26
2019	1	310.23	2020	5	259.2
2019	2	359.01	2020	6	310.21
2019	3	453.35	2020	7	343
2019	4	488.87	2020	8	586
2019	5	679.45	2020	9	582
2019	6	690.32	2020	10	631
2019	7	1081.68	2020	11	538.84
2019	8	1143.98	2020	12	456.73

注：数据来源张家界统计信息网。

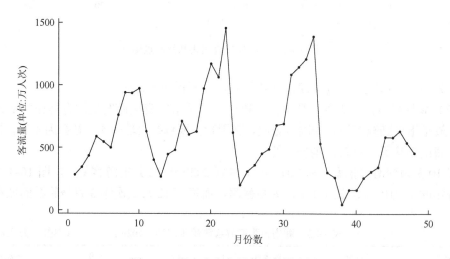

图 10-3　湖南省张家界客流量散点图

（3）循环变动。循环变动是以若干年为周期所呈现出的波浪起伏形态的有规律的变动。引起循环变动的因素规律性较低，不容易识别，例如经济危机存在一定的周期，但是不容易预测何时能够到来。再比如生猪养殖业，猪肉价格高刺激农民积极性造成供给增加，供给增加造成肉价下跌，肉价下跌打击了农民养猪积极性造成供给短缺，供给短缺又使得肉价上涨，周而复始，这就形成了所谓的"猪周期"。"猪周期"的循环轨迹一般是：肉价高—母猪存栏量大增—生猪供应增加—肉价下跌—大量淘汰母猪—生猪供应减少—肉价上涨。虽然"猪周期"客观存在，但是由于生猪生产产量不稳定、标准化饲养程度低、疾病加剧产业波动、信息预警滞后、多种替代品同时存在等原因，导致并不容易对"猪周期"作出准确预测。

表 10-4 是 2014 年 1 月到 2019 年 5 月我国生猪价格的数据，受到供求关系的影响，生猪价格呈现出周期性波动（图 10-4）。

表 10-4　我国生猪价格（2014～2019 年）　　　　　（单位：元/千克）

年份	月份	价格	年份	月份	价格
2014	1	14.2	2016	10	16.2
2014	2	12.5	2016	11	16.5
2014	3	11.3	2016	12	16.8
2014	4	10.7	2017	1	18
2014	5	13.1	2017	2	16.8
2014	6	13.2	2017	3	16.1
2014	7	13.2	2017	4	15.8
2014	8	14.7	2017	5	14.5
2014	9	15	2017	6	13.3
2014	10	14.2	2017	7	14
2014	11	13.8	2017	8	14.2
2014	12	13.8	2017	9	14.5
2015	1	13.2	2017	10	14
2015	2	12	2017	11	13.9
2015	3	11.5	2017	12	14.9
2015	4	13.5	2018	1	15.08
2015	5	14	2018	2	13.17
2015	6	14.8	2018	3	10.78
2015	7	16.9	2018	4	10.33
2015	8	18.5	2018	5	10.44
2015	9	18.1	2018	6	11.49
2015	10	17	2018	7	12.57
2015	11	15.9	2018	8	13.88
2015	12	16.5	2018	9	14.2
2016	1	17.2	2018	10	13.95
2016	2	18.1	2018	11	13.43
2016	3	18.6	2018	12	13.55
2016	4	19.7	2019	1	12.6
2016	5	20.9	2019	2	11
2016	6	21	2019	3	13.1
2016	7	18.7	2019	4	15.1
2016	8	18.3	2019	5	14.9
2016	9	18.4			

注：数据来源为猪易通网。

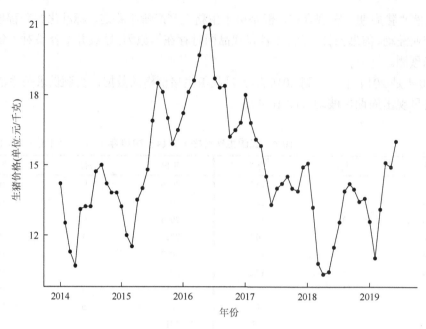

图 10-4　我国生猪价格散点图（2014～2019 年）

（4）不规则变动。不规则变动是一种无规律可循的变动，包括严格的随机变动和不规则的变动两种类型。其现象呈现时大时小、时起时伏、方向不定、难以把握的特点；不规则变动与时间无关，一般作误差项处理。例如国与国之间的战争就属于不规则变动的范畴，再例如突然爆发的瘟疫。

本节再以生猪价格为例，表 10-5 是 2017 年 1 月至 2021 年 10 月我国生猪价格的数据，2019 年我国猪肉市场受到非洲猪瘟疫情等因素的影响，生猪大量减少，导致猪肉价格急剧上升。从图 10-5 可以看出生猪价格呈现出不规则变动。

表 10-5　中国生猪价格（2017～2021 年）　　　　　　（单位：元/千克）

年份	月份	价格	年份	月份	价格
2017	1	18	2017	12	14.9
2017	2	16.8	2018	1	15.08
2017	3	16.1	2018	2	13.17
2017	4	15.8	2018	3	10.78
2017	5	14.5	2018	4	10.33
2017	6	13.3	2018	5	10.44
2017	7	14	2018	6	11.49
2017	8	14.2	2018	7	12.57
2017	9	14.5	2018	8	13.88
2017	10	14	2018	9	14.2
2017	11	13.9	2018	10	13.95

年份	月份	价格	年份	月份	价格
2018	11	13.43	2020	5	31.2
2018	12	13.55	2020	6	31.9
2019	1	12.6	2020	7	37.8
2019	2	11	2020	8	38.1
2019	3	13.1	2020	9	37
2019	4	15.1	2020	10	31.7
2019	5	14.9	2020	11	29.9
2019	6	16	2020	12	33.5
2019	7	17.2	2021	1	36.8
2019	8	21	2021	2	31.4
2019	9	28.4	2021	3	29.2
2019	10	34.4	2021	4	23.4
2019	11	40	2021	5	20.1
2019	12	35.2	2021	6	15.8
2020	1	36.6	2021	7	16.2
2020	2	38.5	2021	8	15.09
2020	3	37.2	2021	9	12.7
2020	4	34.4	2021	10	10.87

注：数据来源为猪易通网。

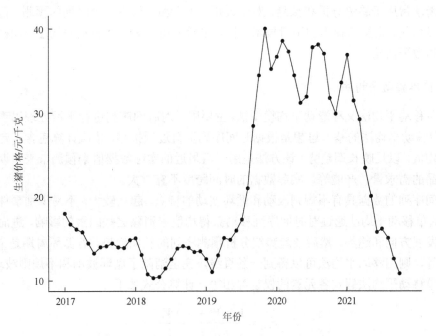

图 10-5　我国生猪价格散点图（2017～2021 年）

时间序列是一种常见的数据类型，对特定问题的解决有一定的优势，但其缺点仍不能忽略。

优势：可以从时间序列中找出变量变化的特征、趋势及发展规律，从而在过去的基础上对变量的未来变化进行有效的预测。

缺点：在应用时间序列进行市场预测时应注意市场现象未来发展变化规律和发展水平，不一定与其历史和现在的发展变化规律完全一致，即无法对与时间相关的变量进行控制。时间序列预测因突出时间序列暂不考虑外界因素影响，所以存在着预测误差的缺陷，当遇到外界发生较大变化，往往会有较大偏差。

10.2 预测的定量方法

10.2.1 平滑法

平滑法是指用平均的方法消除时间序列中由于不规则成分引起的随机波动，使序列变得比较平滑，以反映出其基本归集，并结合一定的模型进行预测。平均的范围可以是整个序列（整体平均数），也可以是序列的一部分（局部平均数）；所用平均数可以是简单平均数，也可以是加权平均数。局部平均而言，在做一次平均之后，还可以进行第二次、第三次甚至更多次的平均，进行多层次的平均。

平滑法适用于稳定的时间序列（没有明显的趋势、循环和季节影响的时间序列）。但当时间序列有明显的趋势、循环和季节变化时，平滑法就不能很好地发挥作用。

平滑法常用于趋势分析和预测，对于近距离的预测，如下一个时期的预测，可提供较高的精度预测。根据所使用的平滑技术不同，平滑法可分为简单移动平均法、加权移动平均法和指数平滑法。

1. 简单移动平均法

简单移动平均法又称滑动平均模型法，主要用于对时间序列进行平滑处理以观察其趋势，简单移动平均法的基本思想是根据时间序列资料逐项推移，依次计算包含一定项数的序时平均值，以反映长期趋势。该方法是用一组最近的实际数据值来预测未来一期或几期内某产品的需求量、产能等，实际数据的时间跨度不宜过大。

时间序列的数据具有不规则波动和循环波动的特点，起伏较大，不易识别事件的发展趋势，简单移动平均法通过对时间序列移动获得均值来消除这些因素的影响，进而显示出事件的发展方向和趋势，然后依趋势线分析预测序列的长期趋势。若循环周期是常数，且幅度相等，则用移动平均法可以得到一条直线，完全消除了循环波动和不规则波动。

简单移动平均法假定各元素的权重都相等，计算公式如下：

$$F_{t+1} = \frac{V_1 + V_2 + \cdots + V_t}{t} \tag{10-1}$$

其中：F_{t+1} 表示对下一期的预测值，V_t 是 t 时期的实际值。

以湖南省张家界客流量为例，使用 6 月移动平均（$t=6$），将 1 月到 6 月的时间序列值的平均数作为 7 月的客流量预测值（表 10-6）。

表 10-6　张家界 2017 年前 6 个月客流量　　　　（单位：万人/次）

年份	月份	客流量
2017	1	283.56
2017	2	344.76
2017	3	435.19
2017	4	587.62
2017	5	546.89
2017	6	499.58

2017 年 7 月客流量的预测值为

$(283.56 + 344.76 + 435.19 + 587.62 + 546.89 + 499.58)/6 = 449.6$(万人/次)

2. 加权移动平均法

加权移动平均法是根据同一个移动段内不同时间的数据对预测值的影响程度，分别赋予不同的系数以预测未来值。通过移动平均法可以明显看出，不同时期的数据都被视为同等重要，这并不符合实际情况，距离当前时期较近的观测值对预测值的重要性要大于距离当前时期较远的观测值，为了改善这种情况，对不同时期采用不同的权重，以此弥补移动平均法的不足。在大多数情况下，最近时期的观测值应该取得最大的权数，而较远时间权数应该依次递减。需要注意的是，对于加权移动平均数，权数之和应等于 1。

加权移动平均法计算公式如下：

$$F_{n+1} = \sum_{i=n-k-1}^{n+1} V_i X_i \qquad (10\text{-}2)$$

其中：F_{n+1} 表示预测值；V_i 表示第 i 期的实际值；n 表示本期数；k 表示移动跨期；X_i 表示第 i 其实际值的权重，且权重和等于 1。

以我国国内生产总值为例，用 2018～2020 年的数据预测 2021 年的数值。指定最近时间观测值的权重为 3/6，第二近的观测值权重为 2/6，第三近的观测值权重为 1/6，则 2021 年度预测值计算如下（表 10-7）：

表 10-7　2018～2020 年的我国国内生产总值　　　　（单位：亿元）

年份	国内生产总值
2018	919281.1
2019	986515.2
2020	1013567.0

2021 年国内生产总值的预测值为

$$919281.1 \times 1/6 + 986515.2 \times 2/6 + 1013567.0 \times 3/6 = 988835.4(亿元)$$

使用加权移动平均法求预测值时，因为其对近期趋势反应比较敏感，所以一旦数据受到明显的季节性影响，该方法所得到的预测值可能会出现偏差。因此，当存在有明显的季节性变化因素时，加权移动平均法不宜使用。

3. 指数平滑法

指数平滑法是用过去时间数列值的加权平均数作为预测值，是加权移动平均法的一种特殊情形。也就是说指数平滑法是在加权移动平均法基础上发展起来的一种时间序列分析预测法，通过计算指数平滑值，配合一定的时间序列预测模型对现象的未来进行预测，其原理是任何一期的指数平滑值都是本期实际观测值与前一期指数平滑值的加权平均。这里只选择一个权数，即最近时期观测值的权数，其他时期数据值的权数可以自动推算出来，而且当观测值距离预测时期越远，权数变得越小。

指数平滑法计算公式如下：

$$F_{t+1} = \alpha Y_t^i + (1-\alpha)F_t \tag{10-3}$$

其中：F_{t+1} 代表 $t+1$ 期数列的预测值；Y_t 代表 t 期时间数列的实际值；F_t 代表 t 期时间数列的预测值；α 代表平滑常数（$0 \leqslant \alpha \leqslant 1$）。

式中表明 $t+1$ 的预测值是 t 期实际值和预测值的加权平均数，t 期实际值的权数为 α，而 t 期预测值的权数为 $1-\alpha$。指数平滑法是简单移动平均法的升级，弥补了简单移动平均法不能体现各时期重要性的缺点，又弥补了加权平均法只能关注最近时期的缺点。

假设某时间序列包含三个时期的数据：Y_1，Y_2和Y_3，来说明任何时期指数平滑法的预测值同样也是时间序列以前所有时期实际值的一个加权平均数。令 F_1 等于第 1 期时间序列的实际值，即 $F_1 = Y_1$。

第 2 期的预测值为

$$F_2 = \alpha Y_1 + (1-\alpha)F_1 = \alpha Y_1 + (1-\alpha)Y_1 = Y_1$$

即第 2 期指数平滑预测值等于第 1 期时间序列的实际值。

第 3 期的预测值为

$$F_3 = \alpha Y_2 + (1-\alpha)F_2 = \alpha Y_2 + (1-\alpha)Y_1$$

第 4 期的预测值为

$$F_4 = \alpha Y_3 + (1-\alpha)F_3 = \alpha Y_3 + \alpha(1-\alpha)Y_2 + (1-\alpha)^2 Y_1 \tag{10-4}$$

因此，F_4 是前三个时间序列数值的加权平均数，且 Y_1，Y_2 和 Y_3 的系数之和等于 1。一般情况下，可以得到一个相似的结论，任何预测值是以前所有时间序列数值的加权平均数。事实上，一旦确定平滑常数 α，只需要两项数据就可以计算预测值，即只需要 t 期时间序列的实际值 Y_t 和预测值 F_t 就可以计算 $t+1$ 期的预测值 F_{t+1}。

平滑常数 α 以指数形式递减，称为指数平滑法，平滑常数 α 非常重要，决定了平滑水平，以及对预测值与实际值之间差异的相应速度。α 越接近于 1，远期实际值对本期平滑值影响程度下降得越快；α 越接近于 0，远期实际值对本期平滑值的影响程度下降得越慢。因此，当时间序列相对平稳时，α 的取值较大；当时间序列波动较大时，α 的取值较小。

下面使用湖南省张家界客流量时间序列，来更好地说明指数平滑法。设定 2017 年 1 月份客流量值为 Y_1，第 2 期的指数平滑预测值等于时间序列第 1 期的实际值，即 $F_2 = Y_1 = 283.56$，假设平滑指数等于 0.2，则第 3 期的预测值如下：

$$F_3 = 0.2 \times Y_2 + 0.8 \times F_2 = 0.2 \times 344.76 + 0.8 \times 283.56 = 295.8$$

得到第 3 期的实际值 $Y_3 = 435.19$，第 4 期的预测值如下：

$$F_4 = 0.2 \times Y_3 + 0.8 \times F_3 = 0.2 \times 435.19 + 0.8 \times 295.8 = 323.69$$

10.2.2　趋势推测法

拥有长期线性趋势的时间数列一般呈现出持续增加或者减少的形态,这类时间数列不稳定，使用平滑法不合适，对这类数据进行预测时，可以采用趋势推测法。时间数列的每一时间趋势成分和每一次向上或者向下的波动将不再是重点关注对象，而趋势成分将反映时间数列的一种逐渐的变动，对于线性趋势的计算问题一般采用回归分析的方法，在这里使用最小二乘法来发现两个变量的线性关系。

线性趋势方程：

$$T_t = b_0 + b_1 t$$

其中：T_t 是 t 期时间数列的趋势值；b_0 是线性趋势的截距；b_1 是线性趋势的斜率；t 是时间。

根据最小二乘法，斜率（b_1）和截距（b_0）的计算公式为

$$b_1 = \frac{\sum t Y_t - \left(\sum t \sum Y_t\right)/n}{\sum t^2 - \left(\sum t\right)^2/n} \tag{10-5}$$

$$b_0 = \overline{Y} - b_1 \overline{t}$$

其中：n 是时期的个数；$\overline{Y}$ 是时间数列的平均值，即 $\overline{Y} = \frac{1}{n}\sum Y_t$；$\overline{t}$ 是时间 t 的平均值，即 $\overline{t} = \frac{1}{n}\sum t$。

表 10-8 中数据来自某公司产品 2001～2015 年的销售额，单位为百万元，从数据中可以看出虽然上下有所波动，但从图 10-6 可以看出整体存在线性趋势。

表 10-8　某公司产品销售数据　　　　　　（单位：百万元）

年份	销售额	年份	销售额
2001	12.3	2006	14.5
2002	13.2	2007	15.1
2003	12.9	2008	18.2
2004	16.5	2009	19.1
2005	13.9	2010	20.2

续表

年份	销售额	年份	销售额
2011	21.9	2014	23.9
2012	19.9	2015	24.1
2013	20.3		

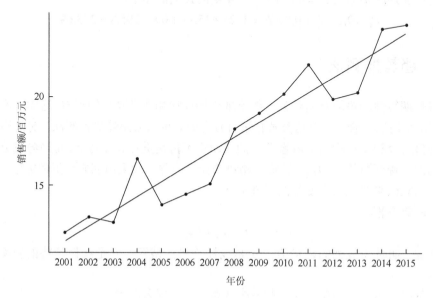

图 10-6 某公司销售数据散点图

为了得到销售额时间序列的线性趋势方程，首先要计算出 $\bar{t}$ 和 $\bar{Y}$

$$\bar{t} = \frac{120}{15} = 8 , \quad \bar{Y} = \frac{266}{15} = 17.73$$

再计算斜率和截距

$$b_1 = \frac{236.8}{280} = 0.85 , \quad b_0 = 17.73 - 0.85 \times 8 = 10.93$$

因此线性趋势方程为

$$T_t = 10.93 + 0.85t$$

斜率 0.85 表示在过去的 2001~2015 年中，公司的销售额平均每年增长 85 万元。令 $t = 16$ 并代入方程中，则下一年的预测值为

$$T_{16} = 10.93 + 0.85 \times 16 = 24.53$$

利用趋势推测法，可以预测出下一年销售额为 2453 万元。

使用线性函数来拟合趋势是较为常见的方法，但有些时间序列是曲线或是非线性趋势的，如果再使用线性函数来预测，误差会非常大。对于曲线或非线性趋势，需要建立更加复杂的回归模型进行预测。

10.3 预测的定性方法

定量预测模型需要研究变量的历史数据，如果这些数据无法获取或缺失就会造成定量预测模型不能使用。针对这种情况，人们采用定性方法进行预测，该方法需要有一些人员的参与，对于时间的约定不易评估，所以费用可能会比较高。常见的定性方法有：德尔菲法、专家判断法、主观概率预测法和情景预测法。

10.3.1 德尔菲法

德尔菲法也称专家调查法，是最常用的定性预测方法之一，它由兰德公司的研究小组首次创立，主要通过"小组意见的一致性"来进行预测。

德尔菲法采用通信方式将所需解决的问题发送给专家，并征询其意见，然后回收汇总专家的意见并整理出综合意见。随后将该综合意见和需要解决的问题再次反馈给专家，各专家依据综合意见修改自己原有的意见，然后再次汇总。这样多次反复，逐步取得比较一致的预测结果。德尔菲法依据系统的程序，采用匿名发表意见的方式，即专家之间不得互相讨论，不发生横向联系，只能与调查人员进行信息交流。通过多轮次调查专家对问卷所提问题的看法，经过反复征询、归纳、修改，最后汇总成基本一致的专家看法，作为预测的结果。这种方法具有广泛的代表性，较为可靠。

10.3.2 专家判断法

专家判断法需要根据一个专家的判断或专家小组的一致意见进行定性预测。例如，每年专家小组都会在美林集团集会，预测下一年的道琼斯 30 指数期货中工业股票平均价格指数的水平和主要利率。预测时，专家们单独思考他们认为将会影响股票市场和利率的信息，然后将他们的结论汇总，以便用于预测。在没有可利用的定性模型公式的情况下，专家判断法也可以提供合适的预测。

10.3.3 主观概率预测法

主观概率是人们凭经验或预感而估算出来的概率。它与客观概率不同，客观概率是根据事件发展的客观性统计出来的一种概率。在很多情况下，人们没有办法计算事情发生的客观概率，所以只能用主观概率来描述事件发生的概率。主观概率预测法是一种适用性很强的统计预测方法，可以用于人类活动的各个领域。用主观概率预测法有如下的步骤：①准备相关资料；②编制主观概率调查表；③汇总整理；④判断预测。

10.3.4　情景预测法

情景预测法是一种新兴的预测法，由于它不受任何条件限制，应用灵活，能充分调动预测人员的想象力，有利于决策者更客观地进行决策，在制定经济政策、公司战略等方面有很好的应用效果。但在应用过程中一定要注意具体问题具体分析，同一个预测主题，如果其所处环境不同，最终的情景可能会有很大的差异。

10.4　常用模型介绍

时间序列建模分为时域建模和频域建模两类，一般采用时域建模，在需要分析系统的频率特性时则采用频域建模。时域建模采用曲线拟合和参数估计的方法（如最小二乘法等），频域建模采用谱分析的方法。时间序列建模主要取决于被观测序列的性质、可用观测值的数目和模型的使用情况等三个因素。有些时间序列具有明显的趋势，建模的作用就是要发现序列中的趋势，并对序列的发展作出合理的预测。

在介绍模型之前，先学习平稳性检验、差分法、白噪声检验等常用概念及方法，熟练掌握这些概念及方法是进行时间序列分析的必要条件。

10.4.1　平稳性检验

对于时间序列 $X_t(t \in T)$，任意时刻的序列值 X_t 都是一个随机变量，每一个随机变量都会有均值和方差。记 X_t 的均值为 μ_t，方差为 σ_t^2；任取 $t, s \in T$，定义序列 X_t 的自协方差函数 $\gamma(t, s) = E[(X_t - \mu_t)(X_s - \mu_s)]$ 和自相关系数 $\rho(t, s) = \dfrac{\text{cov}(X_t, X_s)}{\sigma_t \sigma_s}$，之所以称为自协方差函数和自相关系数，是因为它们衡量的是同一个事件在两个不同时刻 t 和 s 之间的相关程度。

如果时间序列 $X_t(t \in T)$ 在某一常数附加波动且波动范围有限，即有常数方差，并且延迟 k 期序列变量的自协方差和自相关系数是相等的，或者说延迟 k 期序列变量之间的影响程度是一样的，则称 $X_t(t \in T)$ 是平稳序列。

平稳性检验就是要求经样本时间序列所得到的拟合曲线在未来一段时间内仍能顺着现有的形态"惯性"地延续下去；平稳性检验要求样本时间序列的均值和方差不发生明显变化。根据平稳性的程度分为严平稳和弱平稳（宽平稳）。

严平稳，表示的分布不随时间的改变而改变。只有当时间序列的所有统计性质都不会随着时间的推移而发生变化时，该序列才能被认为是平稳的。

弱平稳，期望与相关系数（依赖性）不变，未来某时刻 t 的值 X_t 要依赖于它过去的信息，所以需要依赖性。

平稳性检验的方法有图检验和单位根检验，如图 10-7 所示。图检验又分为时序图检验和自相关图检验，主要靠肉眼识别，主观臆断成分较大。单位根检验是通过构造统计量进行计算，目前该方法较为常用。

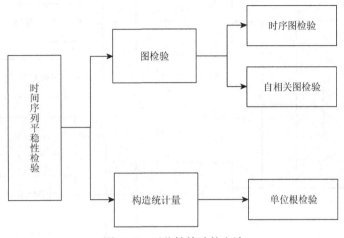

图 10-7 平稳性检验的方法

时序图检验是根据平稳序列的均值和方差都是常数的性质进行的,平稳序列的时序图显示该序列值始终在一个常数附近随机波动，并且波动范围有界；如果有明显的趋势性或者周期性，通常不是平稳序列。

自相关图检验。根据平稳序列具有短期相关性的性质，表明对平稳序列而言通常只有近期的序列值对现时值的影响比较明显，间隔越远的过去值对现时值的影响越小。随着延迟期数 k 的增加，平稳序列的自相关系数 ρ_k（延迟 k 期）会比较快地衰减趋向于 0，并在 0 附近随机波动，而非平稳序列的自相关系数衰减的速度比较慢，这就是利用自相关图进行平稳性检验的标准。

单位根检验是指检验序列中是否存在单位根，如果存在单位根就是非平稳时间序列。迪基-福勒检验（Dickey-Fuller test）和增广迪基-福勒检验（augmented Dickey-Fuller test，ADF test）可以测试一个自回归模型是否存在单位根，该方法比较常用。

ADF 检验的原假设存在单位根，只要这个统计值小于 1%就可以拒绝原假设，认为数据平稳。但需要注意的是，ADF 检验值一般是负的，也有正的，只有小于 1%时才能认为是显著的拒绝原假设。

平稳性检验之后需要依据结果选择对应的模型，一般情况下平稳序列采用自回归模型（autoregressive model，AR model）、滑动平均模型（moving-average modle，MA model）和自回归移动平均模型（autoregressive moving average modle，ARMA model），而非平稳序列采用差分运算、ARIMA 模型、ARCH 模型或 GARCH 模型及其衍生模型，如图 10-8 所示。

10.4.2 差分法

差分法又称差分函数或差分运算，其结果反映了离散量之间的一种变化，是研究离散数学的一种工具。差分运算相应于微分运算，是微积分中的一个重要概念。

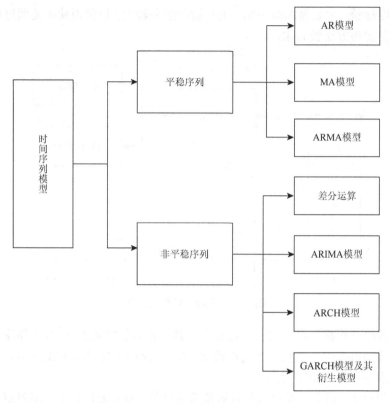

图 10-8　时间序列模型的分类

定义：设变量 x 依赖于自变量 t，当 t 到 $t+1$ 时，因变量 $x=x(t)$ 的改变量 $Dx(t)=x(t+1)-x(t)$ 称为函数 $x(t)$ 在点 t 处步长为 1 的一阶差分，简称函数 $x(t)$ 的一阶差分，并称 D 为差分算子。一阶差分是在原始数据的基础上展开的，二阶差分是在一阶差分的基础上进行的，以此类推，公式如下。

一阶差分：$\nabla x_t = x_t - x_{t-1}$。

二阶差分：$\nabla^2_{x_t} = \nabla x_t - \nabla x_{t-1}$。

ρ 阶差分：$\nabla^2 x_t = \nabla^{\rho-1} x_t - \nabla^{\rho-1} x_{t-1}$。

k 步差分：$\nabla_k = x_t - x_{t-k}$。

差分法针对的是不符合平稳性要求的数据，其主要作用是消除波动，使数据更加趋向于平稳。差分运算可以增强数据的平稳性，但需要注意的是不必要的差分可能会扭曲时间序列模型及降低预测精度。

10.4.3　白噪声检验

如果一个序列是平稳的，接下来需要判断数据是不是白噪声，如果是则不再去研究，因为白噪声是纯随机的没有研究的价值。白噪声需要满足以下三个条件：

$$\begin{cases} E(e_t) = 0 \\ \mathrm{Var}(e_t) = \sigma^2 \\ \forall k \neq 0, \mathrm{cov}(e_i, e_{i+k}) = 0 \end{cases} \tag{10-6}$$

即对于一个序列 e_t，如果其期望均值为 0，方差为 σ^2，并且对于任意的 $k \neq 0$，数据点 e_t 与 e_{i+k} 之间相关性为 0，则称此序列为噪声。其中 $E(e_t)$ 表示序列的期望均值，$\mathrm{Var}(e_t)$ 表示序列的方差，$\mathrm{cov}(e_i, e_{i+k})$ 表示序列中数据点的相关性

1. 原理及方法—Barlett 定理

如果一个时间序列是纯随机的，得到一个观察期数为 n 的观察序列，那么该序列的延迟非零期的样本自相关系数将近似服从均值为零，方差为序列观察期倒数的正态分布，即

$$\hat{\rho}_k \sim N\left(0, \frac{1}{n}\right), \quad \forall k \neq 0 \tag{10-7}$$

其中，$\hat{\rho}_k$ 为样本自相关系数。

2. 假设检验统计量

根据 Barlett 定理，可以通过假设检验统计量来检验时间序列的纯随机性，例如博克斯和皮尔斯推导出的 Q 统计量，该统计量在大样本场合检验效果很好，但是对于小样本的检验结果不够精确；博克斯和利杨推导的 LB（Ljung-Box）统计量是对博克斯和皮尔斯推导出的 Q 统计量的修正，习惯把它们统称为 Q 统计量，分别记作 QNP 统计量和 QLB 统计量，目前普遍采用的 Q 统计量通常指的是统计量。

一般情况下，检验一个平稳事件序列的相关关系只需要检验前几期（比如前 6 期或者前 12 期）即可，不用全部检验，这是因为平稳序列具有短期相关性，如果序列值之间存在显著的相关关系，则只存在于延迟期间比较短的序列值之间。所以一个平稳序列短期延迟的序列值之间都不存在显著的相关关系，通常长期延迟之间就更不会存在显著的相关关系。

3. 白噪声检验的作用

在建模前通过对平稳的序列进行白噪声检验，看是否具有分析的价值。在建模后对模型的残差序列进行白噪声检验。如果是白噪声，序列有用信息提取充分，模型建立成功；如果不是白噪声，则有用信息没有提取完整，需要重新建模。

10.4.4　时间序列模型预测的基本步骤

（1）对原始序列的平稳性进行识别。根据时间序列的散点图或折线图、自相关函数图、偏自相关函数图以 ADF 检验其方差、趋势及其季节性变化规律，一般情况下经济运行的时间序列都不是平稳序列。

（2）检验平稳序列是不是白噪声。对非平稳序列进行平稳化处理，如果数据序列是非平稳的，并存在一定的增长或下降趋势，则需要对数据进行差分处理。若数据存在异方差，则需对数据进行技术处理，直到处理后的数据的自相关函数值和偏相关函数值无显著地异于零。

（3）根据时间序列模型的识别规则，建立相应的模型。若平稳序列的偏相关函数是截尾①的，而自相关函数是拖尾②的，则可断定序列适合 AR 模型；若平稳序列的偏相关函数是拖尾的，而自相关函数是截尾的，则可断定序列适合 MA 模型。若平稳序列的偏相关函数和自相关函数均是拖尾的，则序列适合 ARMA 模型。如果是非平稳序列，可以采用差分运算、ARIMA 模型或者其他扩展模型。

（4）进行参数估计和假设检验，检验模型是否具有统计意义和诊断残差序列是否为白噪声。

（5）利用已通过检验的模型进行预测分析。

10.4.5 AR 模型

1. AR 模型介绍

AR 模型是统计学上一种处理时间序列的方法。基本思想是用时间序列中过去各期数据预测本期数据，并假设它们是线性关系，即 X_1 至 X_{t-1} 来预测本期 X_t 的表现。这种方法是从回归分析中的线性回归发展而来，不用 X 预测 Y，而是用 X 预测 X（自身），所以叫自回归。AR 模型被广泛运用于经济学、信息学、自然科学的预测上。

数学表达式如下：

$$\begin{cases} X_t = c + \sum_{i=1}^{p} \varphi_i X_{t-i} + \varepsilon_t \\ \varphi_i \neq 0 \\ E(\varepsilon_t) = 0, \mathrm{Var}(\varepsilon_t) = \sigma_\varepsilon^2, E(\varepsilon_t \varepsilon_s) = 0, s \neq t \\ E(X_s \varepsilon_t) = 0, \forall s < t \end{cases} \tag{10-8}$$

其中：c 是常数项；φ_i 是模型参数；ε_t 是平均数为 0；标准差等于 σ 的随机误差值，即 ε_t 是白噪声序列；σ 对任何时期的 t 都不变。文字叙述为 X 的期望值等于 p 个序列的线性组合及误差线的函数。

AR(p)模型有三个限制条件。

条件一：$\varphi_i \neq 0$，保证了模型的最高阶为 p。

条件二：$E(\varepsilon_t) = 0, \mathrm{Var}(\varepsilon_t) = \sigma_\varepsilon^2, E(\varepsilon_t \varepsilon_s) = 0, s \neq t$，这个限制条件实际上要求随机干扰项 $\{\varepsilon_t\}$ 为零均值白噪声序列。

条件三：$E(X_s \varepsilon_t) = 0, \forall s < t$，这个限制条件说明当期的随机干扰和过去的序列值无关。

---

① 截尾：指时间序列的自相关函数（ACF）或偏自相关函数（PACF）在某阶后均为 0 的性质（比如 AR 的 PACF）。

② 拖尾：ACF 或 PACF 并不在某阶后均为 0 的性质（比如 AR 的 ACF）。

AR 模型的统计有以下特征。

（1）常数均值。

在 AR(p)模型等式两边取均值

$$E(X_t) = E\left(c + \sum_{i=1}^{p}\varphi_i X_{t-1} + \varepsilon_t\right) \tag{10-9}$$

由于平稳序列均值是常数，以及$\{\varepsilon_t\}$为零均值白噪声可得

$$E(X_t) = \frac{c}{1 - \sum_{i=1}^{p}\varphi_i} \tag{10-10}$$

如果是中心化的 AR(p)模型，那么均值为 0。

（2）常数方差。

AR(p)模型的方差求解需要借助 Green 函数，详细推导过程可以查询相关资料，本节不再一一赘述。

$$G_j \triangleq \sum_{i=1}^{p} k_i \lambda_i^j \tag{10-11}$$

G_j 函数的递推公式如下：

$$\begin{cases} G_0 = 1 \\ G_j = \sum_{i=1}^{j}\varphi_i G_{j-i}, & j \leqslant p \\ G_j = \sum_{i=1}^{p}\varphi_i G_{j-i}, & j > p \end{cases} \tag{10-12}$$

则 $\mathrm{Var}(X_t) = \sum_{j=0}^{\infty} G_j^2 \mathrm{Var}(\varepsilon_{t-j})$。由于$\{\varepsilon_t\}$为白噪声序列，方差相等，$\mathrm{Var}(\varepsilon_{t-j}) = \sigma_\varepsilon^2$，因此可以得出

$$\mathrm{Var}(X_t) = \sum_{j=0}^{\infty} G_j^2 \sigma_\varepsilon^2$$

（3）p 阶自回归模型的自相关系数拖尾（不在某阶后均为 0），偏自相关系数 p 阶截尾（在某阶后均为 0）

自回归方法所需资料并不多，除了上述限制条件外，还有其他要求：①必须具有自相关，自相关系数 φ_i 是关键，应大于 0.5，否则预测结果极不准确；②自回归方法只能适用于预测与自身前身相关的现象，如果不确定因素的影响非常大，则不宜采用自回归。

2. AR 模型案例分析

深证成指是深圳证券交易所成分股价指数，是该所的主要股指。从网站中获取深证成指 2007 年 1 月至 2021 年 10 月的历史数据构成了时间序列，对于股市中的各类数据，如

果直接使用，一般情况下经过验证后为非平稳序列，与平稳序列的模型构建要求不匹配。可先将原始时间序列进行处理，转换为变化率，所形成的时间序列经验证后为平稳序列，符合构建 AR 模型的前提条件。

变化率公式：$Y_r = 100 \times \dfrac{X_t - X_{t-1}}{X_{t-1}}$

经转换后数据见表 10-9，仅为部分数据，其余采用同样的方式。

表 10-9　深证成指变化率数据示例

交易日期	深证成指	深证成指变化率
2007-01-04	6705.340	0.013
2007-01-05	6706.240	2.449
2007-01-08	6870.500	3.029
2007-01-09	7078.590	3.778
2007-01-10	7346.020	−0.768
2007-01-11	7289.590	−1.407
2007-01-12	7187.020	6.253
2007-01-15	7636.450	4.799

第一步，平稳性检验。首先进行数据预处理，导入需要使用的常用数据，读取数据后设置时间（date）这一列为行索引，后将数据切分为测试数据和训练数据两部分，最后画出全部数据和训练集数据的折线图（图 10-9，图 10-10），代码和图形如下：

```
import pandas as pd  #导入所需要的包
import matplotlib.pyplot as plt
import statsmodels.api as sm
from statsmodels.tsa import stattools
import itertools
import numpy as np
import seaborn as sns
shenzheng=pd.read_csv('shenzhen_close_change_rate.csv',index_col='close_date',parse_dates=['close_date'])#读取数据
shen_close=shenzheng['close_change_rate']
print(shen_close)
plt.plot(shen_close)
plt.show()
df=shen_close['2015-01':'2018-06'] #截取其中一部分数据
train=df.loc['2016-01':'2017-03'] #构造训练集
test=df.loc['2018-04':'2018-06']
plt.plot(train)
plt.show()
```

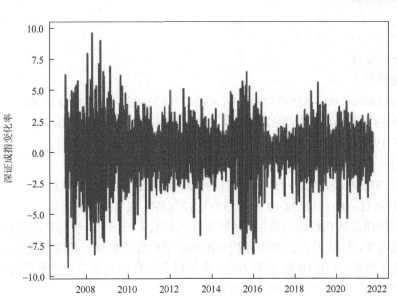

图 10-9　深证成指折线图（全部数据）

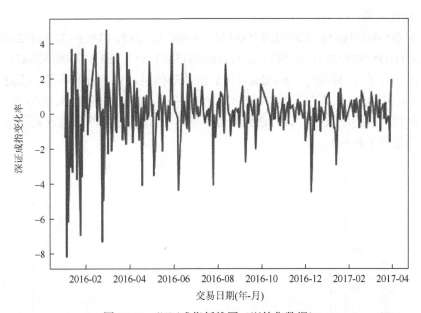

图 10-10　深证成指折线图（训练集数据）

（1）自相关图和偏自相关图。

```
print('自相关系数:\n',stattools.acf(train,nlags=10))
print('偏自相关系数:\n',stattools.pacf(train,nlags=10))
fig=sm.graphics.tsa.plot_acf(train)
plt.title('ACF')
plt.show()
fig=sm.graphics.tsa.plot_pacf(train)
```

```
plt.title('PACF')
plt.show()
```

自相关系数：

[1.00000000e+00 −1.15473294e−01 8.90473693e−02 −7.48742557e−02

6.31346998e−02 −1.82267937e−01 −7.52168442e−04 −5.78556800e−02

1.01533193e−02 9.98723506e−02 −9.63667004e−02]

偏自相关系数：

[1.−0.11585566 0.07725345 −0.05821399 0.04412207 −0.16800112

−0.04934611 −0.03517432 −0.01872373 0.1278697 −0.11814032]

平稳序列通常具有短期相关性，即随着延迟期数 k 的增加，平稳序列的自相关系数会很快地衰减向零，这就是我们利用自相关图判断平稳性的标准。其横轴表示延迟期数，纵轴表示自相关系数，从图 10-11 和图 10-12 中可以看出自相关系数衰减到零的速度非常快。这是平稳序列的一种典型的自相关图形式。

2）单位根检验

```
print('ADF 检验结果:\n',sm.tsa.stattools.adfuller(train))
```

ADF 检验结果：

(−5.597001041910856, 1.290229758813683e−06, 15, 287, {'1%': −3.453342167806272, '5%': −2.871663828287282, '10%': −2.572164381381345}, 983.6773096831421)

这里面包含了 T 检验值、p-value、滞后阶数等信息，主要看前两项，检验统计量为 −5.597001041910856，p 值为 1.290229758813683e−06，远小于显著性水平 0.01，不存在单位根，所以我们拒绝原假设，认为该数据是平稳的。（注：这里的原假设是存在单位根，即时间序列是非平稳的）。

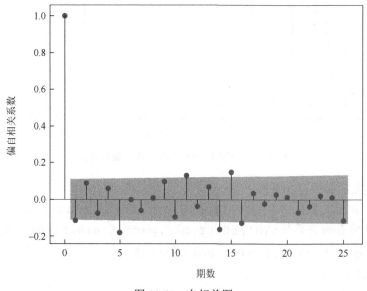

图 10-11　自相关图

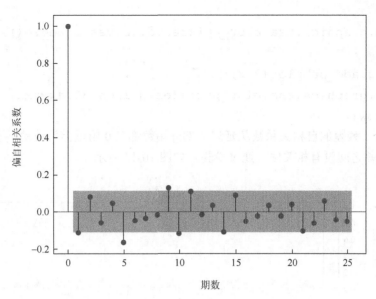

图 10-12 偏自相关图

第二步：白噪声检验

白噪声检验主要是针对平稳序列的，代码和结果如下。

```
from statsmodels.stats.diagnostic import acorr_ljungbox
print('白噪声检验结果:\n',acorr_ljungbox(train,lags=10))
```

白噪声检验结果：

（array（[4.08036144, 6.51490842, 8.24188421, 9.47387516, 19.77647332, 19.77664937, 20.82171306, 20.85400816, 23.98935565, 26.91841941]），array（[0.04338438, 0.03848625, 0.04126845, 0.05028683, 0.00137635, 0.00303456, 0.00404318, 0.00754552, 0.00431817, 0.00268285]））

从上面的分析结果中可以看到，延迟 1 阶的 p 值为 0.043＜0.05，所以可以拒绝原假设，认为该序列不是白噪声序列。

第三步，模型构建。从自相关图和偏自相关图看出，自相关拖尾，偏自相关从延迟值 2 开始便趋向于零，因此模型取 AR(1)。

第四步，参数估计。模型确认之后还需要对其进行检验：一是检验残差序列的随机性，即残差之间是否互相独立，通过自相关函数法来检验并画出残差的自相关函数图；二是检验残差是否符合正态分布，通过 Q-Q 图（quantile-quantile plots）来判定；三是对残差进行白噪声检验，时间序列中有用的信息是否被全部提取。

（1）使用自相关图和偏自相关图检验残差序列的随机性。

```
model=sm.tsa.ARMA(train,order=(1,0))
results=model.fit()
resid=results.resid
fig=plt.figure(figsize=(12,8))
ax1=fig.add_subplot(211)
```

```
fig=sm.graphics.tsa.plot_acf(resid.values.squeeze(),lags=30,
ax=ax1)
ax2=fig.add_subplot(212)
fig=sm.graphics.tsa.plot_pacf(resid,lags=30,ax=ax2)
plt.show()
```

结果如下，残差的自相关系数从延迟 2 期开始数都在 0 附近上下波动，并衰减趋向于 0，很明显残差之间没有相关性，通过检验，如图 10-13 所示。

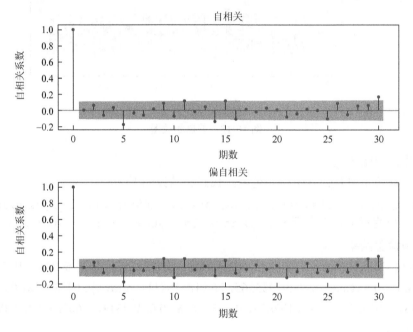

图 10-13　残差的自相关图和偏自相关图

（2）用 Q-Q 图检验残差是否符合正态性分布。

```
fig=plt.figure(figsize=(12,8))
ax=fig.add_subplot(111)
fig=sm.graphics.qqplot(resid,line='q',ax=ax,fit=True)
plt.show()
```

从结果中看到，Q-Q 图上的点在一条直线附近，图形是直线说明残差服从正态分布，这意味着模型的可靠性是非常高的，如图 10-14 所示。

（3）白噪声检验（Ljung-Box 检验）。Ljung-Box 检验是基于一系列滞后阶数，用于判断序列总体的相关性或随机性是否存在，代码和结果如下。

```
r,q,p=sm.tsa.acf(resid.values.squeeze(),qstat=True)
data=np.c_[range(1,41),r[1:],q,p]
table=pd.DataFrame(data,columns=['lag',"AC","Q","Prob(>Q)"])
print(table.set_index('lag'))
```

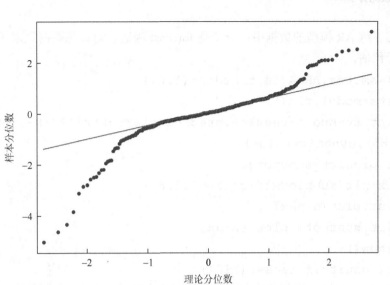

图 10-14　残差 QQ 图

　　结果分析：原假设为白噪声（相关系数为零），检验结果看 Prob（＞Q）这一列，一般观察滞后 1-12 阶即可（前 12 行），如图 10-15 所示。不管显著性水平设定为 0.05 还是 0.1，得到的数值远远大于显著性水平，无法拒绝原假设，即残差是白噪声，相关系数和零没有显著差异。这意味着 AR(1, 0)是适合样本的模型。

```
                  AC            Q     Prob(>Q)
lag
1.0     0.008751     0.023433     0.878337
2.0     0.068923     1.481913     0.476658
3.0    -0.058533     2.537326     0.468583
4.0     0.034764     2.910860     0.572852
5.0    -0.179817    12.938235     0.023965
6.0    -0.028820    13.196689     0.040017
7.0    -0.058503    14.265251     0.046660
8.0     0.015300    14.338588     0.073356
9.0     0.092542    17.030602     0.048239
10.0   -0.071872    18.659867     0.044802
11.0    0.119829    23.204360     0.016538
12.0   -0.016665    23.292557     0.025342
13.0    0.045887    23.963550     0.031467
```

图 10-15　残差白噪声检验结果

　　第五步，建立预测模型。预测模型主要有两个函数：一个是 predict 函数，预测的时间段必须在训练 AR 模型的数据中；一个是 forecast 函数，对训练数据集末尾下一个时间段的值进行预估。

```
model=sm.tsa.ARMA(test,order=(1,0))
results=model.fit()
predict_sunspots=results.predict(start=str('2018-01'),end=str
('2018-06'),dynamic=False)
print(predict_sunspots)
fig,ax=plt.subplots(figsize=(12,8))
ax=test.plot(ax=ax)
predict_sunspots.plot(ax=ax)
plt.show()
print(results.forecast()[0])
```

从图 10-16 中可以看到预测值和观测值之间的走势基本吻合，并预测下一期的数据为 [0.09660681]。

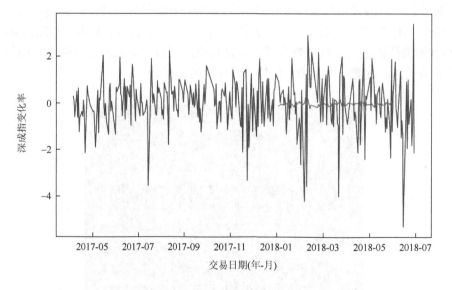

图 10-16　AR(1)模型预测结果

10.4.6　MA 模型

1. MA 模型介绍

MA 模型是模型参量法谱分析方法之一。它通过对剩余误差时间序列建模，预测模型的预期误差，从模型预测中减去预测误差，从而提高性能。一个简单有效的残差模型是自回归模型，使用一些滞后误差值来预测下一期的误差，这些滞后误差组合在线性回归模型中，和 AR 模型类似。

MA 模型数学表达式如下：

$$\begin{cases} X_t = \mu + \varepsilon_t - \theta_1\varepsilon_{t-1} - \theta_2\varepsilon_{t-2} - \cdots - \theta_q\varepsilon_{t-q} \\ \theta_q \neq 0 \\ E(\varepsilon_t) = 0, \mathrm{Var}(\varepsilon_t) = \sigma_\varepsilon^2, E(\varepsilon_t\varepsilon_s) = 0, s \neq 0 \end{cases} \tag{10-13}$$

两个限制条件：

（1）保证模型的最高阶数为 q；

（2）保证随机干扰项序列 $\{\varepsilon_t\}$ 为零均值白噪声序列。

当 $\mu = 0$ 时，模型为中心化 MA(q)模型，非中心化模型只需做一个简单的位移 $Y_t = X_t - \mu$ 即可转化为中心化模型。

MA 模型和 AR 模型大同小异，MA 模型并非是历史时序值的线性组合，而是用过去各个时期的随机干扰或预测误差的线性组合来表达当前的预测值，即历史白噪声的线性组合。两个模型最大的不同之处在于，AR 模型中历史白噪声通过影响时序值间接影响当前预测值。

MA 模型的统计性质

（1）常数均值。

当 $q < \infty$ 时，MA(q)模型具有常数均值。

$$EX_t = E(\mu + \varepsilon_t - \theta_1\varepsilon_{t-1} - \theta_2\varepsilon_{t-2} - \cdots - \theta_q\varepsilon_{t-q}) = \mu \tag{10-14}$$

如果该模型是中心化模型，则均值为零。

（2）常数方差。

$$\begin{aligned} \mathrm{Var}(X_t) &= \mathrm{Var}(\mu + \varepsilon_t - \theta_1\varepsilon_{t-1} - \theta_2\varepsilon_{t-2} - \cdots - \theta_q\varepsilon_{t-q}) \\ &= (1 + \theta_1^2 + \theta_2^2 + \cdots + \theta_q^2)\sigma_\varepsilon^2 \end{aligned} \tag{10-15}$$

这也是移动平均模型不需要平稳性判定的原因，因为它具有常数方差，低阶矩存在，则满足宽平稳，因此不需要平稳性判定。

（3）q 阶移动平均模型的自相关系数 q 阶截尾，偏自相关系数拖尾。

2. MA 模型案例分析

深证成指的原始数据并非平稳序列，将其进行差分处理后得到数据是平稳序列，并在此基础上展开建模，预测下一阶段的差分数据。由于 AR 模型和 MA 模型都属于平稳序列的范畴，所以建模的各个步骤都是一样的，此部分只列出运行结果，具体的步骤可以参照 10.4.5 节。

第一步，对原始数据进行预处理，构造二阶差分并画出深证成指二阶差分折线图、自相关图和偏自相关图，如图 10-17、图 10-18、图 10-19 所示。

```
shen_close_diff_1=shen_close.diff(1)
shen_close_diff_2=shen_close_diff.diff(1)
shen_close_diff=shen_close_diff.loc['2007-01-06':'2021-10-15']
diff_df=shen_close_diff['2016-01':'2018-06']
diff_train=shen_close_diff['2016-01':'2017-03']
```

数据构建过程中，每做一次差分运算，第一行的均值不存在，这会导致后续运算出现错误，所以在最终的二阶差分数据中删除了前两行。

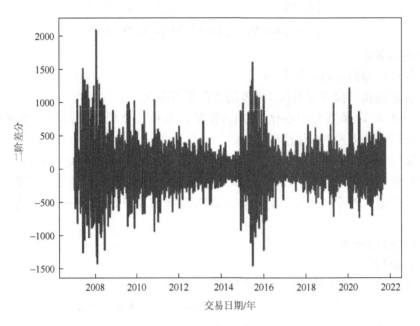

图 10-17　深证成指二阶差分折线图

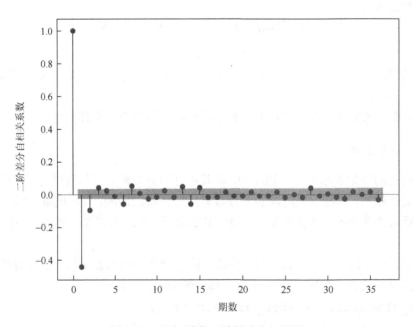

图 10-18　深证成指二阶差分自相关图

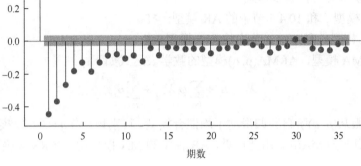

图 10-19　深证成指二阶差分偏自相关图

第二步,通过深证成指二阶差分自相关图和深证成指二阶差分偏自相关图判断模型的阶数,自相关 2 阶截尾,偏自相关 8 阶拖尾,所以模型选择 MA(2)。

第三步,模型预测。从图 10-20 来看预测值和观测值的走势基本相吻合,并预测下一期的数据为[−347.57083406]。

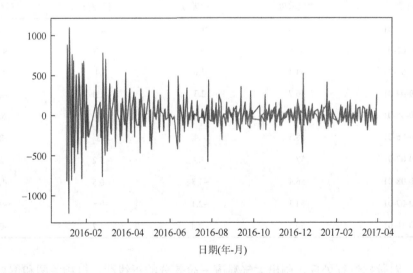

图 10-20　MA(2)模型预测结果

10.4.7 ARMA 模型

1. ARMA 模型介绍

ARMA 模型是研究时间序列的重要方法,由 AR 模型和 MA 模型为基础混合而成。
ARMA 模型有三种基本形式:

(1) AR 模型,和 10.4.5 节中的 AR 模型一样。

(2) MA 模型,和 10.4.6 节中的 MA 模型一样。

(3) ARMA 模型,ARMA(p, q)模型的数学表达式如下:

$$X_t = \mu_t + \sum_{i=1}^{p}\varphi_i X_{t-i} + \sum_{j=1}^{q}\theta_j \varepsilon_{t-j} \qquad (10\text{-}16)$$

时间序列 X_t 服从(p, q)阶自回归滑动平均混合模型。特别地,当 $q = 0$ 时,模型即为 AR(p),
$p = 0$ 时,模型即为 MA(q)。由此可见,AR 模型和 MA 模型均为 ARMA 模型的特殊形式。

2. ARMA 模型案例分析

大气温度是表示空气冷热程度的物理量。本数据包含了 1920 年 1~10 月的大气温度,
原始数据并非平稳序列,但在进行三阶差分后符合 ARMA 模型需要的条件,见表 10-10。
构建步骤和 AR 模型的建模方式类似,读者可以参阅 10.4.5 节。

表 10-10 大气温度及差分后的数据示例

日期	大气温度	一阶差分	二阶差分	三阶差分
1920-01-01	40.6	NaN	NaN	NaN
1920-02-01	40.8	0.2	NaN	NaN
1920-03-01	44.4	3.6	3.4	NaN
1920-04-01	46.7	2.3	−1.3	−4.7
1920-05-01	54.1	7.4	5.1	6.4
1920-06-01	58.5	4.4	−3	−8.1
1920-07-01	57.7	−0.8	−5.2	−2.2
1920-08-01	56.4	−1.3	−0.5	4.7
1920-09-01	54.3	−2.1	−0.8	−0.3
1920-10-01	50.5	−3.8	−1.7	−0.9

首先,对数据进行处理,画出大气温度三阶差分的折线图、自相关图和偏自相关图,
如图 10-21、图 10-22、图 10-23,并对其进行 ADF 检验,结果如下:

ADF 检验:

(−12.814490711243167, 6.34297101743602e−24, 15, 219, {'1%': −3.4605673372610299,

'5%'：−2.874829809033386，'10%'：−2.573853225954421}，1164.2533359091174）

从结果中可以看出，p 值远远小于 0.01，故三阶差分后形成的新数据是平稳序列，在此列数据上展开模型构建。

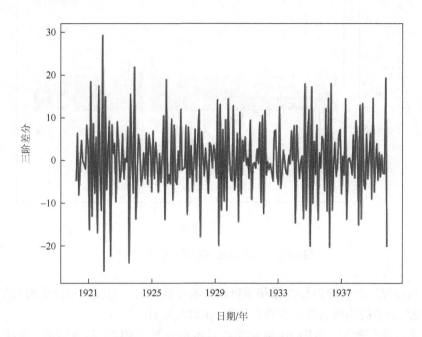

图 10-21 大气温度三阶差分的折线图

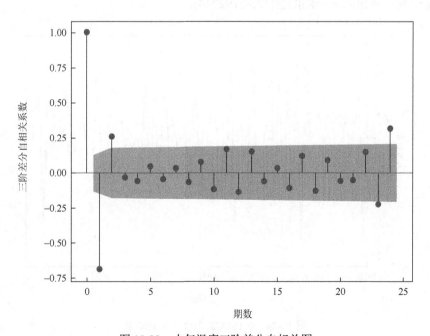

图 10-22 大气温度三阶差分自相关图

189

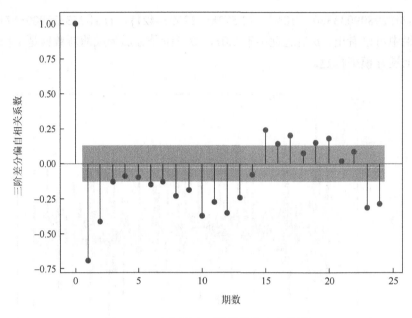

图 10-23　大气温度三阶差分偏自相关图

从大气温度三阶差分自相关图和偏自相关图可以看出，自相关和偏自相关都是拖尾，符合 ARMA 模型的建模条件，并确定使用 ARMA(3, 3)。

最后进行模型预测，从图 10-24 中可以看出预测值（灰线）和观测值（黑线）的走势基本保持一致，并预测下一期的值[12.83792744]。

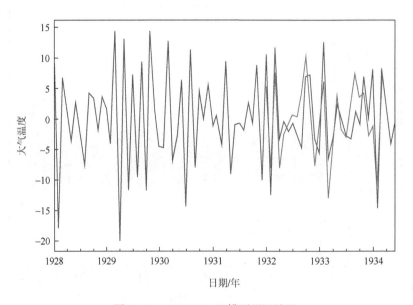

图 10-24　ARMA(3, 3)模型预测结果

10.4.8　ARIMA 模型

1. ARIMA 模型介绍

差分自回归移动平均模型（autoregressive integrated moving average model，ARIMA model），是由博克斯和詹金斯于 20 世纪 70 年代提出的一种时间序列预测方法，该方法又被称为 Box-Jenkins 检验、博克斯-詹金斯法。其中：ARIMA(p, d, q)称为差分自回归移动平均模型，是 ARMA(p, q)模型的扩展，AR 是自回归，p 为自回归项；MA 为移动平均，q 为移动平均项数，d 为将时间序列转成平稳序列所做的差分次数。其基本思想是将预测对象随时间推移而形成的数据序列视为一个随机序列，并用数学模型来近似描述这个序列，序列一旦被识别就可以从时间序列的过去值及现在值来预测将来值。

ARIMA(p, d, q)模型数学表达式如下：

$$\left(1-\sum_{i=1}^{p}\phi_i L^i\right)(1-L)^d X_t = \left(1+\sum_{i=1}^{q}\theta_i L^i\right)\varepsilon_t \tag{10-17}$$

其中：L 是滞后算子（lag operator），$d \in \mathbb{Z}$，$d > 0$。

2. ARIMA 模型案例分析

本案例中数据选取的是在 A 股上市的中国银行股票相关信息，包括交易日期、开盘价格、收盘价格、最高价、最低价和交易量等，时间是 2014 年 1 月 2 日至 2015 年 4 月 30 日（除去星期六和节假日），其目的是对该时间序列中的收盘价进行建模，并预测未来的收盘价。

第一步，数据的平稳性检验。首先对数据进行预处理，导入需要使用的数据采，读取数据后设置时间这一列为行索引，后将数据切分为测试数据和训练数据两部分，最后画出训练集收盘价数据的折线图，如图 10-25、图 10-26 所示。代码如下。

```
import pandas as pd
import matplotlib.pyplot as plt
import statsmodels.api as sm
import itertools
import numpy as np
import seaborn as sns    #导入所需要的各种包
ChinaBank=pd.read_csv('ChinaBank.csv',index_col='Date',parse_
dates=['Date'])#读取数据
sub=ChinaBank['2014-01':'2014-06']['Close']#读取收盘价所在的列
train=sub.loc['2014-01':'2014-03']  #设定训练集
test=sub.loc['2014-04':'2014-06']  #设定测试集
plt.figure(figsize=(10,10))
plt.plot(ChinaBank['Close'])#画出收盘价折线图
plt.show()
```

```
plt.plot(train)#训练集折线图
plt.show()
```

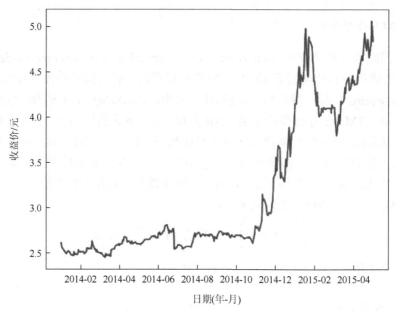

图 10-25　中国银行股票收盘价折线图（全部数据）

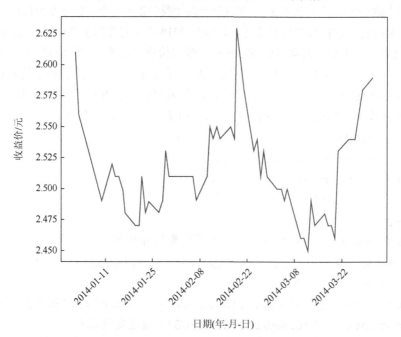

图 10-26　中国银行股票收盘价折线图（训练集）

计算自相关系数和偏相关系数。

```
print('自相关系数:\n',stattools.acf(train,nlags=10))
print('偏自相关系数:\n',stattools.pacf(train,nlags=10))
```

这两行代码是计算出前 10 期的自相关系数和偏自相关系数，结果如图 10-27 所示。

```
自相关系数：
 [ 1.          0.72639022  0.55032868  0.38938833  0.3354796   0.23993184
  0.15344823  0.01928754 -0.09695045 -0.19053274 -0.23125174]

偏自相关系数：
 [ 1.          0.73829825  0.05185281 -0.05989726  0.1367025  -0.08891275
 -0.06849297 -0.1710686  -0.15181203 -0.10358409 -0.04337084]
```

图 10-27　前 10 期自相关系数和偏自相关系数

再用自相关图的方式进行检验，代码如下。

```
fig=plt.figure(figsize=(12,8))
ax1=fig.add_subplot(211)
fig=sm.graphics.tsa.plot_acf(train,lags=20,ax=ax1)
ax1.xaxis.set_ticks_position('bottom')
fig.tight_layout()
ax2=fig.add_subplot(212)
fig=sm.graphics.tsa.plot_pacf(train,lags=20,ax=ax2)
ax2.xaxis.set_ticks_position('bottom')
fig.tight_layout()
plt.show()
```

平稳序列通常具有短期相关性，即随着延迟期数 k 的增加，平稳序列的自相关系数会很快地衰减为零，而非平稳序列的自相关系数的衰减速度会比较慢，这是利用自相关图判断平稳性的标准。其横轴表示延迟期数，纵轴表示自相关系数，从图 10-28 中可以看出自

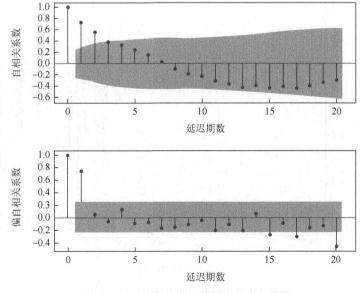

图 10-28　训练集的自相关图和偏自相关图

相关系数衰减到零的速度比较缓慢，在很长的延迟期内，自相关系数一直为正。这是非平稳序列的一种典型的自相关图形式。

用 ADF 检验的方式对单位根进行检验。

```
print(sm.tsa.stattools.adfuller(train))
```

结果为：

（−2.9026778132598845，0.045037489191202755，0，61，{'1%': −3.542412746661615，'5%': −2.910236235808284, '10%': −2.5927445767266866}，−227.51423828600673）

检验结果包含了 T 检验值、p-value、滞后阶数等信息，检验统计量为 2.9，p 值为 0.045，大于显著性水平 0.01，因此无法拒绝原假设，该数据是非平稳的。（注：这里的原假设是存在单位根，即时间序列是非平稳的）。

第二步，处理非平稳序列。无论是构造统计量进行检验，还是使用自相关图进行判别，该时间序列数据都是非平稳的，所以模型上采用 ARIMA(p, d, q)。使用差分法可以让数据更加平稳，对原始图、一阶差分和二阶差分进行对比，一般情况只做一阶差分即可。一阶差分和二阶差分的折线图如图 10-29、图 10-30 所示，代码如下。

```
ChinaBank['Close_diff_1']=ChinaBank['Close'].diff(1)#构造差分
ChinaBank['Close_diff_2']=ChinaBank['Close_diff_1'].diff(1)
plt.plot(ChinaBank['Close_diff_1'])#画一阶差分图
plt.show()
plt.plot(ChinaBank['Close_diff_2'])
plt.show()
```

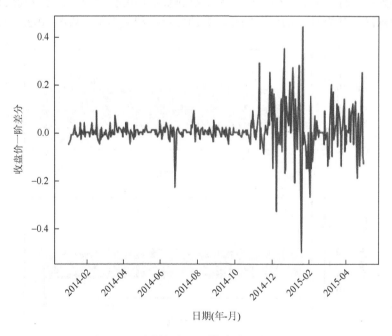

图 10-29　中国银行股票收盘价一阶差分图

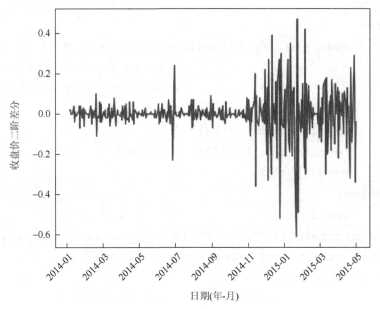

图 10-30　中国银行股票收盘价二阶差分图

通过图 10-29 和图 10-30 可以看出在一阶差分后数据基本趋向于平稳。实际上在很多情况下，只需要做一阶差分即可。

第三步，模型构建。通过网络搜索的方式来寻找最佳 p、q 组合，这里使用贝叶斯信息准则进行检验。

```
# 遍历,寻找适宜的参数
p_min=0
d_min=0
q_min=0
p_max=5
d_max=0
q_max=5
# Initialize a DataFrame to store the results,,以 BIC 准则
results_bic=pd.DataFrame(index=['AR{}'.format(i)for i in range (p_
min,p_max+1)],columns=['MA{}'.format(i)for i in range(q_min,q_max+
1)])
for p,d,q in itertools.product(range(p_min,p_max+1),
                                       range(d_min,d_max+1),
                                       range(q_min,q_max+1)):
    if p==0 and d==0 and q==0:
        results_bic.loc['AR{}'.format(p),'MA{}'.format(q)]=
        np.nan
    continue
```

```
    try:
        model=sm.tsa.ARIMA(train,order=(p,d,q),
                                # enforce_stationarity=False,
                                # enforce_invertibility=False,
                                )
        results=model.fit()
        results_bic.loc['AR{}'.format(p),'MA{}'.format(q)]=
        results.bic
    except:
        continue
results_bic=results_bic[results_bic.columns].astype(float)
    fig,ax=plt.subplots(figsize=(10,8))
ax=sns.heatmap(results_bic,
                mask=results_bic.isnull(),
                ax=ax,
                annot=True,
                fmt='.2f')                      )
ax.set_title('BIC')
plt.show()
```

结果以热力图的形式进行呈现，横轴代表 MA 的阶数，纵轴代表 AR 的阶数，交叉处代表 BIC 的值。

BIC 值越小，说明模型的拟合程度越高。从图 10-31 中可以看出，当 p 取 1，q 取 0 时为最佳模型，BIC 的最小值为-274.89。

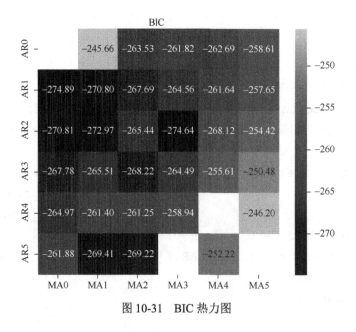

图 10-31　BIC 热力图

第四步，参数估计。模型确认之后还需要对其进行检验：一是检验残差序列的随机性，即残差之间是互相独立的，通过自相关函数法来检验并画出残差的自相关函数图；二是检验残差是否符合正态分布，通过 Q-Q 图来判定；三是白噪声检验，时间序列中有用的信息是否被全部提取。

（1）使用自相关函数法来检验残差的自相关函数图。

```
model=sm.tsa.ARIMA(train,order=(1,1,0))
results=model.fit()
resid=results.resid
fig=plt.figure(figsize=(12,8))
ax1=fig.add_subplot(211)
fig=sm.graphics.tsa.plot_acf(resid.values.squeeze(),lags=30,
ax=ax1)
ax2=fig.add_subplot(212)
fig=sm.graphics.tsa.plot_pacf(resid,lags=30,ax=ax2)
plt.show()
```

如图 10-32 所示，残差的自相关系数从二阶开始数都在 0 附近上下波动，并衰减趋向于 0，很明显残差之间没有相关性，检验通过。

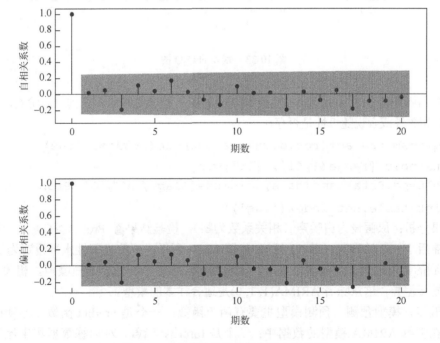

图 10-32　残差的自相关图和偏自相关图

（2）用 Q-Q 图检验残差是否符合正态分布。

```
fig=plt.figure(figsize=(12,8))
```

```
ax=fig.add_subplot(111)
fig=sm.graphics.qqplot(resid,line='q',ax=ax,fit=True)
plt.show()
```

如图 10-33 所示，Q-Q 图上的点近似地在一条直线附近，图形是直线说明是残差服从正态分布，这意味着模型的可靠性是非常高的。

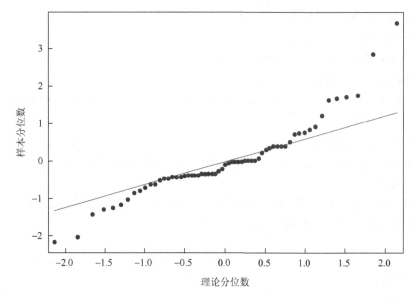

图 10-33　残差的 Q-Q 图

（3）白噪声检验（Ljung-Box 检验）。Ljung-Box 检验是基于一系列滞后阶数，判断序列总体的相关性或者说随机性是否存在。

```
r,q,p=sm.tsa.acf(resid.values.squeeze(),qstat=True)
data=np.c_[range(1,41),r[1:],q,p]
table=pd.DataFrame(data,columns=['lag',"AC","Q","Prob(>Q)"])
print(table.set_index('lag'))
```

结果分析：原假设为白噪声（相关系数为零），检验结果看 Prob（>Q）这一列，一般观察滞后 1～12 阶即可（前 12 行），如图 10-34 所示。不管显著性水平设定为 0.05 或 0.1，得到的数值远远大于显著性水平，无法拒绝原假设，即残差是白噪声，相关系数和零没有显著差异。这意味着 ARIMA(1, 1, 0)是适合样本的模型。

第五步，模型预测。预测模型主要有两个函数：一个是 predict 函数，预测的时间段必须在训练 ARIMA 模型的数据中；一个是 forecast 函数，对训练数据集末尾下一个时间段的值进行预估。由于预测是建立在一阶差分的基础上，还需要对数据进行还原操作。

```
            AC          Q  Prob(>Q)
lag
1.0  -0.108038   0.759266  0.383558
2.0   0.052610   0.942308  0.624281
3.0  -0.148577   2.426951  0.488637
4.0   0.112053   3.285940  0.511163
5.0   0.005926   3.288385  0.655620
6.0   0.127218   4.435160  0.618004
7.0   0.057377   4.672669  0.699838
8.0  -0.073931   5.074304  0.749606
9.0  -0.126231   6.267268  0.712900
10.0  0.044507   6.418425  0.778970
11.0 -0.063692   6.734053  0.820193
12.0 -0.014435   6.750590  0.873646
13.0 -0.194947   9.828160  0.707922
14.0  0.078520  10.337833  0.737090
15.0 -0.156677  12.410296  0.647745
16.0  0.042479  12.565950  0.704189
17.0 -0.189818  15.743061  0.542117
18.0 -0.056176  16.027655  0.590617
19.0 -0.013196  16.043725  0.654359
20.0 -0.065555  16.449735  0.688361
```

图 10-34　白噪声检验结果

```
model=sm.tsa.ARIMA(sub,order=(1,1,0))
results=model.fit()
predict_data=results.predict(start=str('2014-04'),end=str
('2014-06'),dynamic=False)
#还原数据开始
prediction=[]
for i in  range(len(predict_data)):
      v=test[i]+predict_data[i]
      prediction.append(v)
test_pre=pd.Series(prediction,index=test.index)
# 还原数据结束
fig,ax=plt.subplots(figsize=(12,8))
ax=sub.plot(ax=ax)
test_pre.plot(ax=ax)
plt.show()
print(results.forecast()[0])
```

从图 10-35 中可以看到预测值和观测值之间的走势基本吻合，并预测下一期的数据为[2.55234374]。

图 10-35　模型预测结果

习　题

1. 什么是时间序列，包含哪些成分？
2. 时间序列预测的定量方法有哪些？每个方法如何使用？
3. 时间序列预测的定性方法有哪些？
4. 时间序列预测常用的模型有哪些？各有什么特点，适用范围是什么？

实　践　练　习

太阳的光球表面有时会出现一些暗的区域，它是磁场聚集的地方，这就是太阳黑子。黑子是太阳表面可以看到的最突出的现象。一个中等大小的黑子大概和地球的大小差不多。太阳黑子存在于太阳光球表面，是磁场的聚集之处。其数量和位置每隔一段时间会发生周期性变化。太阳黑子相对数又称沃尔夫黑子相对数，表示太阳黑子活动程度的一种指数。表 10-11 中数据为 1749～2013 年每个月度太阳黑子的相对数记录，共计 3177 条，请设置训练集，构建合适的时间序列模型，并进行预测。

表 10-11　太阳黑子相对数

日期	太阳黑子相对数	日期	太阳黑子相对数
1749-01-01	58	—	—
1749-02-01	62.6	2012-12-01	40.8
1749-03-01	70	2013-01-01	62.9
1749-04-01	55.7	2013-02-01	38.1
1749-05-01	85	2013-03-01	57.9
1749-06-01	83.5	2013-04-01	72.4
1749-07-01	94.8	2013-05-01	78.7
1749-08-01	66.3	2013-06-01	52.5
1749-09-01	75.9	2013-07-01	57
1749-10-01	75.5	2013-08-01	66
—	—	2013-09-01	37

参 考 文 献

安鸿志,陈敏,1998. 非线性时间序列分析[M]. 上海：上海科学技术出版社.

陈封能,迈克尔·斯坦巴赫,阿努吉·卡帕坦,等,2019. 数据挖掘导论[M]. 段磊,张天庆,等,译. 北京：机械工业出版社.

戴红,常子冠,于宁,2015. 数据挖掘导论[M]. 北京：清华大学出版社.

戴维·奥尔森,石勇,2007.商业数据挖掘导论[M]. 吕巍,等,译. 北京：机械工业出版社.

宫秀军,刘少辉,史忠植,2002.一种增量贝叶斯分类模型[J].计算机学报（6）：645-650.

顾岚,1994. 时间序列分析在经济中的应用[M]. 北京：中国统计出版社.

韩家炜,坎伯,2012. 数据挖掘：概念与技术 原书第3版[M]. 范明,孟小峰,译. 北京：机械工业出版社.

贺玲,吴玲达,蔡益朝,2007.数据挖掘中的聚类算法综述[J].计算机应用研究（1）：10-13.

菅志刚,金旭,2004.数据挖掘中数据预处理的研究与实现[J].计算机应用研究（7）：117-118,157.

焦李成,1990. 神经网络系统理论[M]. 西安：西安电子科技大学出版社.

乔治 E. P. 博克斯,格威利姆 M. 詹金斯,格雷戈里 C. 莱茵泽尔,等,2011. 时间序列分析：预测与控制[M]. 王成璋,等,译. 北京：机械工业出版社.

邵峰晶,于忠清,王金龙,2009. 数据挖掘原理与算法[M]. 2版. 北京：科学出版社.

孙吉贵,刘杰,赵连宇,2008.聚类算法研究[J].软件学报（1）：48-61.

邵元海,刘黎明,黄凌伟,等,2020.支持向量机的关键问题和展望[J].中国科学：数学,50（9）：1233-1248.

沃尔特·恩德斯,2017. 应用计量经济学：时间序列分析 原书第4版[M]. 杜江,袁景安,译. 北京：机械工业出版社.

王光宏,蒋平,2004.数据挖掘综述[J].同济大学学报（自然科学版）(2)：246-252.

徐林明,李美娟,2020.动态综合评价中的数据预处理方法研究[J].中国管理科学,28（1）：162-169.

徐鹏,林森,2009.基于C4.5决策树的流量分类方法[J].软件学报,20（10）：2692-2704.

张学工,2000.关于统计学习理论与支持向量机[J].自动化学报（1）：36-46.

钟晓,马少平,张钹,等,2001.数据挖掘综述[J].模式识别与人工智能,14（1）：48-55.

周志华,2016. 机器学习[M]. 北京：清华大学出版社.

周志华,陈世福,2002.神经网络集成[J].计算机学报（1）：1-8.

AGRAWAL R,IMIELINSKI T,SWAMI A N,1993. Mining association rules between sets of items in large databases[C]. ACM SIGMOD Conference：207-216.

CAUWENBERGHS G,POGGIO T,2001. Incremental and decremental support vector machine learning[J]. Advances in neural information processing systems,13（5）：409-412.

CHERRY S,1996. Singular value decomposition analysis and canonical correlation analysis[J]. Journal of climate,9（9）：2003-2009.

FRIEDL M,BRODLEY C,1997. Decision tree classification of land cover from remotely sensed data[J]. Remote sensing of environment,61（3）：399-409.

FUNG G M,MANGASARIAN O L,2005. Proximal support vector machine classifiers[J]. Machine learning,59（1）：77-97.

GONZALEZ-ABRIL L,ANGULO C,VELASCO F,et al,2008. A note on the bias in SVMs for multiclassification[J]. IEEE transactions on neural networks,19（4）：723-725.

HAMILTON J D，1990. Analysis of time series subject to changes in regime[J]. Journal of econometrics，45（1）：39-70.

HARDOON D R，SZEDMAK S，SHAWE-TAYLOR J，2004. Canonical correlation analysis：An overview with application to learning methods[J]. Neural computation，16（12）：2639-2664.

HAYKIN S，2007. Neural networks：A comprehensive foundation[M]. 3rd ed.London：Macmillan.

HINICH，MELVIN J，2010. Time series analysis by state space methods[J]. OUP catalogue，47（3）：373-373.

HINTON G，DENG L，YU D，et al，2012. Deep neural networks for acoustic modeling in speech recognition：The shared views of four research groups[J]. IEEE signal processing magazine，29（6）：82-97.

HUANG N E，SHEN Z，LONG S R，et al，1998. The empirical mode decomposition and the Hilbert spectrum for nonlinear and non-stationary time series analysis[J]. Proceedings mathematical physical & engineering sciences，454（1971）：903-995.

JOLLIFFE，I T，1991. Introduction to multiple time series analysis[J]. Technometrics，35（1）：88-89.

MAI，JENS-ERIK，2010. Classification in a social world: Bias and trust[J]. Journal of documentation，66（5）：627-642.

PAL M，MATHER P M，2003. An assessment of the effectiveness of decision tree methods for land cover classification[J]. Remote sensing of environment，86（4）：554-565.

SAFAVIAN S R，LANDGREBE D，1991. A survey of decision tree classifier methodology[J]. IEEE transactions on systems，man，and cybernetics，21（3）：660-674.

SAUNDERS C，STITSON M O，WESTON J，et al，2002. Support vector machine[J]. Computer science，1（4）：1-28.

SCARGLE J D，2003. Chaos and time-series analysis[J]. Technometrics，47（3）：373.

SRIVASTAVA N，HINTON G，KRIZHEVSKY A，et al，2014. Dropout：A simple way to prevent neural networks from overfitting[J]. Journal of machine learning research，15（1）：1929-1958.

XIN Y，1999. Evolving artificial neural networks[J]. Proceedings of the IEEE，87（9）：1423-1447.